Eurocode 5：木结构设计

第1-1部分：一般规定——通用规定和房屋建筑规定

BS EN 1995-1-1:2004+A2:2014

（包含2006年6月的勘误内容）

[英] 英国标准化协会（BSI）

欧洲结构设计标准译审委员会 **组织翻译**

徐博瀚 **译**

郭 伟 魏 来 **一审**

何敏娟 **二审**

人民交通出版社股份有限公司

北 京

图书在版编目(CIP)数据

Eurocode 5:木结构设计. 第1-1部分:一般规定 :通用规定和房屋建筑规定 BS EN 1995-1-1:2004 + A2:2014 / 英国标准化协会(BSI)编 ; 徐博瀚译. — 北京 : 人民交通出版社股份有限公司, 2019. 11

ISBN 978-7-114-16006-6

Ⅰ. ①E… Ⅱ. ①英… ②徐… Ⅲ. ①木结构—结构设计—建筑规范—欧洲 Ⅳ. ①TU366.204

中国版本图书馆CIP数据核字(2019)第252902号

著作权合同登记号:图字01-2019-5916

Eurocode 5:Mu Jiegou Sheji Di 1-1 Bufen:Yiban Guiding——Tongyong Guiding he Fangwu Jianzhu Guiding

书　　名: **Eurocode 5:木结构设计　第1-1部分:一般规定——通用规定和房屋建筑规定 BS EN 1995-1-1:2004 + A2:2014**

著 作 者: 英国标准化协会(BSI)

译　　者: 徐博瀚

总 策 划: 朱伽林　韩　敏　孙　玺

责任编辑: 李　瑞

责任校对: 刘　芹

责任印制: 张　凯

出版发行: 人民交通出版社股份有限公司

地　　址: (100011)北京市朝阳区安定门外外馆斜街3号

网　　址: http://www.ccpress.com.cn

销售电话: (010)59757973

总 经 销: 人民交通出版社股份有限公司发行部

经　　销: 各地新华书店

印　　刷: 北京虎彩文化传播有限公司

开　　本: 880×1230　1/16

印　　张: 9

字　　数: 181千

版　　次: 2019年11月　第1版

印　　次: 2020年6月　第2次印刷

书　　号: ISBN 978-7-114-16006-6

定　　价: 700.00元

出版说明

包括本标准在内的欧洲结构设计标准(Eurocodes)及其英国附件、法国附件和配套设计指南的中文版,是2018年国家出版基金项目“土木工程欧洲规范翻译与比较研究出版工程(一期)”的成果。

在对欧洲结构设计标准及其相关文本组织翻译出版过程中,考虑到标准的特殊性、用户基础和应用程度,我们在力求翻译准确性的基础上,还遵循了一致性和有限性原则。在此,特就有关事项作如下说明:

1. 本标准中文版根据英国标准化协会(BSI)提供的英文版进行翻译,仅供参考之用,如有异议,请以原版为准。

2. 中文版的排版规则原则上遵照外文原版。

3. Eurocode(s)是个组合再造词。本标准及相关标准范围内,Eurocodes特指一系列共10部欧洲标准(EN 1990 ~ EN 1999),旨在为房屋建筑和构筑物及建筑产品的设计提供通用方法;Eurocode与某一数字连用时,特指EN 1990 ~ EN 1999中的某一部,例如,Eurocode 8指EN 1998结构抗震设计。经专家组研究,确定Eurocode(s)宜翻译为“欧洲结构设计标准”,但为了表意明确并兼顾专业技术人员用语习惯,在正文翻译中保留Eurocode(s)不译。

4. 书中所有的插图、表格、公式的编排以及与正文的对应关系等与外文原版保持一致。

5. 书中所有的条款序号、括号、函数符号、单位等用法,如无明显错误,与外文原版保持一致。

6. 在不影响阅读的情况下书中涉及的插图均使用英文原版插图,仅对图中文字进行必要的翻译和处理;对部分影响使用的英文原版插图进行重绘。

7. 书中涉及的人名、地名、组织机构名称以及参考文献等均保留外文原文。

特别致谢

本标准的译审由以下单位和人员完成。大连理工大学的徐博瀚承担了主译工作,中国建筑标准设计研究院有限公司的郭伟和魏来、同济大学的何敏娟承担了主审工作。他(她)们分别为本标准的翻译工作付出了大量精力。在此谨向上述单位和人员表示感谢!

欧洲结构设计标准译审委员会

欧洲结构设计标准译审委员会总体组

组　　长：余顺新（中交第二公路勘察设计研究院有限公司）

成　　员：（按姓氏笔画排序）

王敬烨（中国铁建国际集团有限公司）

车　轶（大连理工大学）

卢树盛［长江岩土工程总公司（武汉）］

吕大刚（哈尔滨工业大学）

任青阳（重庆交通大学）

刘　宁（中交第一公路勘察设计研究院有限公司）

宋　婕（中国建筑标准设计研究院）

李　顺（天津水泥工业设计研究院有限公司）

李亚东（西南交通大学）

李志明（中冶建筑研究总院有限公司）

李雪峰［上海市城市建设设计研究总院（集团）有限公司］

张　寒（中国建筑科学研究院有限公司）

张春华（中交第二公路勘察设计研究院有限公司）

狄　谨（重庆大学）

胡大琳（长安大学）

姚海冬（中国路桥工程有限责任公司）

徐晓明（航天建筑设计研究院有限公司）

郭　伟（中国建筑标准设计研究院）

郭余庆（中国天辰工程有限公司）

黄　侨（东南大学）

谢亚宁（中设设计集团股份有限公司）

秘　　书：李　喆（人民交通出版社股份有限公司）

卢俊丽（人民交通出版社股份有限公司）

英国标准

BS EN 1995-1-1:2004 +A2:2014

包含2006年6月的勘误内容

Eurocode 5：木结构设计

第1-1部分：一般规定——通用规定和房屋建筑规定

ICS 91.010.30;91.080.20

国家前言

本英国标准为 EN 1995-1-1:2004 + A2:2014 在英国的实施版本,包含了 2006 年 6 月的勘误内容。本标准替代废止的 BS EN 1995-1-1:2004 + A1:2008。

本标准中因修订而新增或改变的内容在相应文本的开头和结尾用标签进行标识。欧洲标准化委员会(CEN)修订的内容标注 CEN 编号。例如,因 CEN 修订案 A1 改变的内容在正文中用[A1⟩⟨A1]标注。

受房屋建筑和土木工程技术委员会 B/525 委托,本英国标准的相关工作由木结构分委员会 B/525/5 编制。

可向秘书处索要该分委员会的组织机构名单。

当本标准的某项内容允许各国自行选择时,正文中会给出范围和可能的选项,并以注的形式将其定为国家定义参数(NDP)。在欧洲标准中提及 NDPs 时,其可以是一个具体的系数值、一个特定的级别或类别、一种特殊的方法或特殊的应用性规定。

为了在英国应用 BS EN 1995-1-1:2004 + A2:2014,需同时使用包含 NDPs 的最新版国家附件。出版时,该国家附件的版本号为 NA to BS EN 1995-1-1:2004 + A1:2008。

本出版物不包含合同的所有必要条款。用户对其正确使用负责。

符合英国标准并不表示可以免除其法律责任。

本英国标准于 2004 年 12 月 15 日由标准政策和战略委员会授权发布

英国标准化协会标准有限公司 2014 年出版。

ISBN 978 0 580 83727 2

自发布以来提出的修订/勘误

修订编号	日　期	备　注
16499 第 1 次勘误	2006 年 7 月 31 日	实施 CEN 2006 年 6 月的勘误内容。修订条款有 6.5.2、8.2.2、8.3.1.1 和 8.3.1.2
	2009 年 1 月 31 日	实施 CEN 修订 A1:2008
	2014 年 5 月 31 日	实施 CEN 修订 A2:2014

欧洲标准 EN 1995-1-1:2004 + A2

2014 年 5 月

ICS 91.010.30;91.080.20

包含 2006 年 6 月的勘误内容

英文版

Eurocode 5:木结构设计 第 1-1 部分:一般规定——通用规定和房屋建筑规定

本欧洲标准于 2004 年 4 月 16 日经欧洲标准化委员会(CEN)批准。

CEN 成员均须遵守 CEN/CENELEC 内部规章,其条款规定了在不作任何修改的情况下给予本欧洲标准国家标准地位的条件。可向管理中心或任何 CEN 成员提出申请,获取这些国家标准的最新清单和参考书目。

本欧洲标准有三个官方版本(英文版、法文版和德文版)。任何其他语言的版本,由 CEN 成员负责翻译成本国语言,并通知管理中心,其具有与官方版本相同的地位。

CEN 成员为各国的国家标准机构,包括奥地利、比利时、塞浦路斯、捷克、丹麦、爱沙尼亚、芬兰、法国、德国、希腊、匈牙利、冰岛、爱尔兰、意大利、拉脱维亚、立陶宛、卢森堡、马耳他、荷兰、挪威、波兰、葡萄牙、斯洛伐克、斯洛文尼亚、西班牙、瑞典、瑞士和英国。

EUROPEAN COMMITTEE FOR STANDARDIZATION
COMITÉ EUROPÉEN DE NORMALISATION
EUROPÄISCHES KOMITEE FÜR NORMUNG

管理中心:斯大萨特街 36 号,B-1050,布鲁塞尔

(rue de stassart,36 B-1050 Brussels)

文献编号: EN 1995-1-1:2004:E

目　次

前言

本欧洲标准(EN 1995-1-1)由"Structural Eurocodes"技术委员会 CEN/TC 250 编制,其秘书处设在英国标准化协会(BSI)。

本标准应于2005年5月前通过发布等同文本或认可文件的形式,被赋予国家标准的地位,与之冲突的国家标准最迟应于2010年3月废止。

本标准替代 ENV 1995-1-1:1993。

CEN/TC 250 对所有欧洲结构设计标准负责。

根据 CEN/CENELEC 内部规章,以下国家的国家标准组织必须执行本欧洲标准:奥地利、比利时、塞浦路斯、捷克、丹麦、爱沙尼亚、芬兰、法国、德国、希腊、匈牙利、冰岛、爱尔兰、意大利、拉脱维亚、立陶宛、卢森堡、马耳他、荷兰、挪威、波兰、葡萄牙、斯洛伐克、斯洛文尼亚、西班牙、瑞典、瑞士和英国。

Eurocode 计划的编制背景

1975年,欧洲共同体委员会(Commission of the European Community,以下简称"委员会")决定根据欧洲共同体条约第95条,在工程建设领域采取一项行动计划。该计划的目的是消除行业的技术壁垒,统一技术标准。

在此项行动计划中,委员会牵头制定了一套统一的建筑物设计技术规定,这套技术规定在第一阶段作为各成员国现行国家规范的一种替代方案,并会最终替代这些国家规范

在各成员国代表组成的指导委员会的帮助下,委员会用了15年的时间进行标准编制,于20世纪80年代形成了第一版欧洲标准。

1989年,委员会、欧盟(EU)(译者注:此处原文有误,应是欧洲共同体)成员国和欧洲自由贸易联盟(EFTA)根据欧洲共同体委员会和 CEN 之间的协议[1],决定通过一系列授权将 Eurocodes 的编制和出版任务移交给 CEN,以便其在将来具备欧洲标准(EN)的地位。这实际上将 Eurocodes 与所有的理事会指令[如:建筑产品指令(CPD)(理事会89/106/EEC号指令),公共工程和服务指令(理事会93/37/EEC、92/50/EEC和89/440/EEC号指令),以及为建立内部市场而启动的等效 EFTA 指令]和/或委员会关于欧洲标准的决议联系了起来。

[1] 欧洲共同体委员会和欧洲标准化委员会(CEN)之间达成的协议,其内容是为房屋建筑和构筑物设计制定 Eurocodes (BC/CEN/03/89)。

欧洲结构设计标准包含以下标准，一般来说，每个标准包含若干部分：

EN 1990:2002 Eurocode：结构设计基础

EN 1991，Eurocode 1：结构上的作用

EN 1992，Eurocode 2：混凝土结构设计

EN 1993，Eurocode 3：钢结构设计

EN 1994，Eurocode 4：钢与混凝土组合结构设计

EN 1995，Eurocode 5：木结构设计

EN 1996，Eurocode 6：砌体结构设计

EN 1997，Eurocode 7：岩土工程设计

EN 1998，Eurocode 8：结构抗震设计

EN 1999，Eurocode 9：铝结构设计

欧洲标准认可各成员国监管部门的责任，并保证各国有权确定与安全监管事项有关的参数，这些参数的取值因国而异。

Eurocodes 的地位和应用领域

欧盟（EU）成员国和欧洲自由贸易联盟（EFTA）承认 Eurocodes 作为参考文件有下列用途：

—作为房屋建筑和构筑物符合 89/106/EEC 号理事会指令的基本要求的证明手段，特别是基本要求 1——结构抗力及稳定性和基本要求 2——发生火灾时的安全性能；

—作为确定建筑物及相关工程服务合同的基本依据；

—作为制定建筑产品统一技术规则（ENs 及 ETAs）的框架性指导文件。

尽管 Eurocodes 与产品统一技术规则[2] 的性质不同，但对建筑工程本身而言，其与 CPD 第 12 条所述解释性文件[3] 有直接关系。因此，CEN 技术委员会和/或欧洲技术认证组织（EOTA）工作组在制定产品标准时，必须充分考虑欧洲标准工作中的技术问题，以期实现这些产品技术规则与 Eurocodes 的完全兼容。

针对各种传统和新型结构，Eurocodes 为常用的结构整体设计和工程及建筑结构产品局部设计提供了通用的结构设计规定。本标准未涵盖一些特殊的建造形式或设计工况，涉及这种情况时，设计者需另行咨询专家意见。

---

[2] 根据 CPD 第 12 条，解释性文件应包含以下内容：

a）通过统一术语和技术基础，并在必要时标明每条要求的等级或水平，以给出基本要求的具体形式；

b）说明这些要求的等级或水平与技术规则相关联的方法，例如计算方法、验证方法、项目设计的技术规定等；

c）作为建立欧洲技术认证的统一的标准与指南的参考。

Eurocodes 在基本要求 1（ER1）和部分的基本要求 2（ER2）中实际上具有类似的作用。

[3] 根据 CPD 指令第 3.3 条，解释性文件中应给出基本要求（ERs）的具体形式，以便在基本要求和统一的 ENs 和 ETAGs/ETAs规定之间建立必要的联系。

执行 Eurocodes 的国家标准

Eurocode 作为国家标准时,应包括 CEN 出版的 Eurocode(含全部附录)全部文本,其文前可加上国家版书名页和国家前言,另可配套国家附件。

国家附件可只包含 Eurocodes 中留待各国自行选择的参数信息,即"国家定义参数",这些参数将用于相关国家的房屋建筑和构筑物设计,即:

—Eurocode 中给出的备选方法的参数值和/或级别(类别);

—Eurocode 中仅给出符号时,其对应的取值;

—国家特有数据(地理、气候等方面),如:雪荷载分布图;

—Eurocode 中给出的备选方法的使用方法;

—关于使用资料性附录的决定;

—非矛盾性补充信息,以协助用户正确使用 Eurocode。

Eurocodes 和产品统一技术规则(ENs 和 ETAs)之间的联系

建筑产品的统一技术规则与工程技术规则[4]之间需要保持一致。此外,对于参考了 Eurocodes 的建筑产品,其 CE 标志中所有信息,凡考虑了国家定义参数,均应明确提及。

EN 1995-1-1 的补充规定

EN 1995 阐述了木结构的安全性、适用性和耐久性的原则和要求。它采用了基于分项系数的极限状态设计法。

对于新建结构的设计,EN1995 应与 EN 1990:2002 和 EN 1991 的相关部分配合直接应用。

推荐分项系数和其他可靠性参数的数值作为提供可接受可靠度水平的基本值。选取这些值的前提是采用合适的工艺和质量管理水平。EN 1995-1-1 被其他 CEN/TCs 用作基础文件时,采用相同的值。

EN 1995-1-1 的国家附件

本标准标注并给出了可由国家决定选用的备选方法、数值和级别建议。因此,EN 1995-1-1 作为国家标准时宜包括一份国家附件,其中包含相关国家设计房屋建筑和构筑物时所需的所有国家定义参数。

EN 1995-1-1 的以下条款,允许各国自行决定:

2.3.1.2(2)P 指定荷载持续作用的等级;

2.3.1.3(1)P 指定结构的服役等级;

2.4.1(1)P 材料性能的分项系数;

[4]见 CPD 第3.3 条和第 12 条,以及 ID 1 第4.2、4.3.1、4.3.2 和5.2 条。

6.1.7(2)抗剪承载力;
6.4.3(8)双坡梁、弧形梁和双坡拱梁;
7.2(2)挠度限值;
7.3.3(2)振动限值;
8.3.1.2(4)木-木钉连接:对端部钉的规定;
8.3.1.2(7)木-木钉连接:易开裂的树种;
9.2.4.1(7)墙体横隔(译者注:剪力墙)设计方法;
9.2.5.3(1)梁或桁架系统支撑的修正系数;
10.9.2(3)齿板桁架的安装精度:最大翘曲;
10.9.2(4)齿板桁架的安装精度:最大误差。

A1 修订版前言

本欧洲标准(EN 1995-1-1:2004/A1:2008)由"Structural Eurocodes"技术委员会CEN/TC 250编制,其秘书处设在英国标准化协会(BSI)。

欧洲标准EN 1995-1-1:2004的本次修订最迟应于2008年12月前通过发布等同文本或认可文件的形式,被赋予国家标准的地位,与之冲突的国家标准最迟应于2010年3月前废止。

根据CEN/CENELEC内部规章,以下国家的国家标准组织必须执行本欧洲标准:奥地利、比利时、保加利亚、塞浦路斯、捷克、丹麦、爱沙尼亚、芬兰、法国、德国、希腊、匈牙利、冰岛、爱尔兰、意大利、拉脱维亚、立陶宛、卢森堡、马耳他、荷兰、挪威、波兰、葡萄牙、罗马尼亚、斯洛伐克、斯洛文尼亚、西班牙、瑞典、瑞士和英国。

A2 修订版前言

本欧洲标准(EN 1995-1-1:2004/A2:2014)由"Structural Eurocodes"技术委员会CEN/TC 250编制,其秘书处设在英国标准化协会(BSI)。

欧洲标准EN 1995-1-1:2004的本次修订最迟应于2015年5月前通过发布等同文本或认可文件的形式,被赋予国家标准的地位,与之冲突的国家标准应最迟应于2015年5月前废止。

注意本欧洲标准的某些内容可能成为专利权主体。CEN(和/或CENELEC)不负责识别任何或所有此类专利权。

本欧洲标准是欧盟委员会和欧盟自由贸易协会授权CEN编写的。

根据CEN/CENELEC内部规章,以下国家的国家标准组织必须执行此欧洲标准:奥地利、比利时、保加利亚、克罗地亚、塞浦路斯、捷克、丹麦、爱沙尼亚、芬兰、前南斯拉夫马其顿共和国、法国、德国、希腊、匈牙利、冰岛、爱尔兰、意大利、拉脱维亚、立陶宛、卢森堡、马耳他、荷兰、挪威、波兰、葡萄牙、罗马尼亚、斯洛伐克、斯洛文尼亚、西班牙、瑞典、瑞士、土耳其和英国。

1 总则

1.1 适用范围

1.1.1 EN 1995 的适用范围

(1)P EN 1995 适用于使用木材(实木、板状或柱状锯材、层板胶合木或木基结构制品,如旋切板胶合木)或者使用胶黏剂或机械紧固件组装的木基板材建造的房屋建筑和构筑物的设计。它符合结构安全性和适用性的原则和规定,也符合 EN 1990:2002 中给出的设计和验算的基础。

(2)P EN1995 仅涉及木结构的力学性能、适用性、耐久性和耐火性。其他要求,如对隔热或隔音的规定,则不在考虑范围之内。

(3)EN1995 需与以下标准配合使用:

EN 1990:2002 Eurocode——结构设计基础

EN 1991"结构上的作用"

与木结构相关的建筑产品的欧洲标准

EN 1998"结构抗震设计",当木结构建于地震区时。

(4)EN1995 由两部分组成:

EN1995-1 一般规定

EN1995-2 桥梁

(5)EN1995-1 "一般规定"包括:

EN 1995-1-1 一般规定——通用规定和房屋建筑规定

EN 1995-1-2 一般规定——结构防火设计

(6)EN 1995-2 以 EN 1995-1-1 的通用规定为参照。EN 1995-2 中的条款补充了 EN 1995-1 的条款。

1.1.2 EN 1995-1-1 的适用范围

(1)EN 1995-1-1 给出了木结构的一般设计规定和建筑物的具体设计规定。

(2)EN 1995-1-1 包含以下章节:

1:总则

2:设计基础

3:材料性能

4:耐久性

5:结构分析基础

6:承载能力极限状态

7:正常使用极限状态

8:金属紧固件连接

9:构件与组件

10:构造措施和管控

(3)P　EN 1995-1-1 不涵盖长期暴露在温度 60℃以上的结构的设计。

1.2　规范性引用文件

A1(1)本欧洲标准在适当位置引用了下列有日期标注或无日期标注的文件。对于有日期标注的文件,其后续修改或修订仅在通过修改或修订被纳入本标准中后,方可适用;对于无日期标注的文件,其最新版本(包括修订版)适用于本标准。

ISO 标准:

ISO 2081　金属镀层　钢或铁上的镀锌层

ISO 2631-2:1989　人体处于全身振动时的评估　2:建筑物内连续振动和冲击引起的振动(1 ~ 80Hz)

欧洲标准:

EN 300 定向刨花板(OSB)——定义、分类和规格

EN301 承重木结构用酚醛树脂和氨基塑料胶黏剂;分类及性能要求

EN 312 刨花板——规格

EN 335-1 木材和木基制品的耐久性——生物侵袭危害等级的定义——1:总则

EN 335-2 木材和木基制品的耐久性——生物侵袭危害等级的定义——2:实木的应用

EN 335-3 木材和木基制品的耐久性——生物侵袭危害等级的定义——3:木基板材的应用

EN 350-2 木材和木基制品的耐久性——实木的天然耐久性——2:精选的生长

于欧洲的树种的天然耐久性和可处理性指南

EN 351-1 木材和木基制品的耐久性——防腐处理的实木——1:防腐剂的渗透和保留的分类

EN 383 木结构——试验方法——销轴类紧固件的销槽承压强度和基础值的测定

EN 385 指接结构木材——性能规定和最低生产规定

EN 387 层板胶合木——大尺寸指接——性能规定和最低生产规定

EN 409 木结构——试验方法——销轴类紧固件屈服弯矩的测定——钉〈A1]

[A1〉EN 460 木材和木基制品的耐久性——实木的天然耐久性——用于不同危害等级的木材的耐久性要求指南

EN 594 木结构——试验方法——木框架墙板的抗侧强度和刚度

EN 622-2 纤维板——规格 2:硬质纤维板的规定

EN 622-3 纤维板——规格 3:中纤维板的规定

EN 622-4 纤维板——规格 4:软质纤维板的规定

EN 622-5 纤维板——规格 5:干法板(中密度纤维板)的规定

EN 636 胶合板——规格

EN 912 木用紧固件——木用连接件的规格

EN 1075 木结构——试验方法——齿板紧固件连接试验

EN 1380 木结构——试验方法——承载钉连接

EN 1381 木结构——试验方法——承载扒钉连接

EN 1382 木结构——试验方法——木结构用紧固件抗拔承载力

EN 1383 木结构——试验方法——木结构用紧固件穿透试验

EN 1990:2002 Eurocode——结构设计基础

EN 1991-1-1 Eurocode 1:结构上的作用——第 1-1 部分:一般作用——房屋建筑的密度、自重和外加荷载

EN 1991-1-3 Eurocode 1:结构上的作用——第 1-3 部分:一般作用——雪荷载

EN 1991-1-4 Eurocode 1:结构上的作用——第 1-4 部分:一般作用——风荷载

EN 1991-1-5 Eurocode 1:结构上的作用——第 1-5 部分:一般作用——温度作用

EN 1991-1-6 Eurocode 1:结构上的作用——第 1-6 部分:一般作用——施工作用

EN 1991-1-7 Eurocode 1:结构上的作用——第 1-7 部分:一般作用——由冲击

和爆炸引起的偶然作用

[A2) EN10346 连续热浸镀层扁平轧材——技术交货条件(A2]

EN 13271 木用紧固件——连接的特征承载力和滑移模量

EN 13986 建筑用木基板材——特性、合格评价与标识

EN 14080 木结构——层板胶合木——规定

EN 14081-1 木结构——有矩形截面的木结构强度分级——第1部分:一般规定

EN 14250 木结构——齿板桁架的生产规定

EN 14279 旋切板胶合木(LVL)——规格、定义、分类和要求(A1]

[A1) EN 14358 木结构——紧固件和木基制品——5%分位值的计算和样品的验收标准

EN 14374 木结构——结构旋切板胶合木——规定

EN 14545 木结构——连接件——规定

EN 14592 木结构——紧固件——规定

EN 26891 木结构——机械紧固件连接——强度和变形特性确定的一般原则

EN 28970 木结构——机械紧固件制成的连接的试验;木材密度的规定(ISO 8970:1989)

[A2) EN ISO 1461 钢材热浸镀锌层——规格和试验方法(ISO 1461)(A2]

注:如果 EN 14545 和 EN 14592 不再作为欧洲标准,更多信息可由国家附件给出。(A1]

1.3 假定

(1)P EN 1990:2002 的一般假定适用于本标准。

(2)构造措施和管控的补充要求见第10章。

1.4 原则性规定和应用性规定的区别

(1)P EN 1990:2002 的条文1.4 适用于本标准。

1.5 术语和定义

1.5.1 一般规定

(1)P EN 1990:2002 的条文1.5 中的术语和定义适用于本标准。

1.5.2 本标准中使用的附加术语和定义

1.5.2.1

标准值(characteristic value)

参照 EN 1990:2002 的子条文 1.5.4.1。

1.5.2.2

销连接(dowelled connection)

将带头或不带头的,通常是钢制圆柱杆紧密地嵌入预钻的孔中,用以传递垂直于销轴的荷载的连接。

1.5.2.3

平衡含水率(equilibrium moisture content)

木材不再向周围空气释放或吸收水分时的含水率。

1.5.2.4

纤维饱和点(fibre saturation point)

木材细胞中水分完全饱和时的含水率。

1.5.2.5

旋切板胶合木(LVL)

根据 EN 14279 和 EN 14374 定义的旋切板胶合木。

1.5.2.6

层积木面板(laminated timber deck)

通过钉或螺钉或施加预应力或胶黏剂把相邻的平行实木层板连接起来制成的板材。

1.5.2.7

含水率(moisture content)

木材内所含水分的质量占木材绝干质量的百分比。

1.5.2.8

抗侧(racking)

由墙体平面内水平作用引起的效应。

1.5.2.9

刚度特性(stiffness property)

用于结构变形计算的一种特征,如弹性模量、剪切模量、滑移模量。

1.5.2.10

滑移模量(slip modulus)

用于结构中两个构件间变形计算的一种特性。

1.6 EN 1995-1-1 中使用的符号

在 EN1995-1-1 中使用的符号:

大写的拉丁字母

A——截面面积;

[A1] A_{ef}——齿板紧固件(punched metal plate fastener)和木材之间总接触面的有效面积;横纹受压有效接触面积[A1];

A_f——翼缘截面面积;

$A_{net,t}$——横纹净截面面积;

$A_{net,v}$——顺纹净剪切面积;

C——弹簧刚度;

$E_{0.05}$——弹性模量 5% 分位值;

E_d——弹性模量设计值;

E_{mean}——弹性模量平均值;

$E_{mean,fin}$——弹性模量最终平均值;

F——力;

$F_{A,Ed}$——在有效面积形心处作用于齿板紧固件的力的设计值;

$F_{A,min,d}$——在有效面积形心处作用于齿板紧固件的最小力的设计值;

$F_{ax,Ed}$——紧固件轴向力设计值;

$F_{ax,Rd}$——紧固件轴向抗拔承载力(withdrawal capacity)设计值;

$F_{ax,Rk}$——紧固件轴向抗拔承载力标准值；

F_c——压力；

F_d——力的设计值；

$F_{d,ser}$——正常使用极限状态下力的设计值；

$F_{f,Rd}$——墙横隔中每个紧固件的承载力设计值；

$F_{i,c,Ed}$——剪力墙末端受压反力设计值；

$F_{i,t,Ed}$——剪力墙末端受拉反力设计值；

$F_{i,vert,Ed}$——墙体的竖向荷载；

$F_{i,v,Rd}$——第 i 个板(在 9.2.4.2)或第 i 个墙(在 9.2.4.3)的抗侧力设计值；

F_{la}——侧向荷载；

$F_{M,Ed}$——由弯矩设计值计算得到的力的设计值；

F_t——拉力；

[A1) $F_{t,Rk}$——连接的抗拉承载力标准值；(A1]

$F_{v,0,Rk}$——连接件顺纹承载力标准值；

$F_{v,Ed}$——紧固件的每个剪面的剪力设计值；作用在墙体横隔上的水平效应设计值；

$F_{v,Rd}$——单个紧固件的每个剪面的承载力设计值；抗侧承载力设计值；

$F_{v,Rk}$——单个紧固件的每个剪面的承载力标准值；

$F_{v,w,Ed}$——作用在腹板上的剪力设计值；

$F_{x,Ed}$——在 x 轴方向力的设计值；

$F_{y,Ed}$——在 y 轴方向力的设计值；

$F_{x,Rd}$——在 x 轴方向板承载力的设计值；

$F_{y,Rd}$——在 y 轴方向板承载力的设计值；

$F_{x,Rk}$——在 x 轴方向板承载力的标准值；

$F_{y,Rk}$——在 y 轴方向板承载力的标准值；

$G_{0.05}$——剪切模量 5% 分位值；

G_d——剪切模量设计值；

G_{mean}——剪切模量平均值；

H——桁架的中央高度；

I_f——翼缘的截面惯性矩；

I_{tor}——扭转惯性矩；

I_z——对于弱轴的截面惯性矩；

K_{ser}——滑移模量；

$K_{ser,fin}$——最终滑移模量；

K_u——承载能力极限状态瞬时滑移模量；

$L_{net,t}$——横纹截面净宽度；

$L_{net,v}$——受剪断裂面积净长度；

$M_{A,Ed}$——作用于齿板紧固件的弯矩设计值；

$M_{ap,d}$——顶点弯矩设计值；

M_d——弯矩设计值；

$M_{y,Rk}$——紧固件屈服弯矩标准值；

N——轴力；

$R_{90,d}$——抗劈裂承载力设计值；

$R_{90,k}$——抗劈裂承载力标准值；

$R_{ax,d}$——承受轴向荷载的连接的承载力设计值；

$R_{ax,k}$——承受轴向荷载的连接的承载力标准值；

$R_{ax,\alpha,k}$——斜纹承载力标准值；

R_d——承载力设计值；

$R_{ef,k}$——连接的承载力有效标准值；

$R_{iv,d}$——墙体抗侧承载力设计值；

R_k——承载力标准值；

$R_{sp,k}$——抗劈裂承载力标准值；

$R_{to,k}$——齿盘连接件的承载力标准值；

$R_{v,d}$——墙体横隔抗侧承载力设计值；

V——剪力；体积；

V_u、V_l——带孔梁上部和下部的剪力；

W_y——对于 y 轴的截面抵抗矩；

X_d——强度特性设计值；

X_k——强度特性标准值。

小写的拉丁字母

a——距离；

a_1——一行紧固件中紧固件的顺纹间距；

[A1) $a_{1,CG}$——在构件中螺钉螺纹部分重心的端距；(A1]

a_2——紧固件的横纹行间距；

[A1⟩ $a_{2,CG}$——在构件中螺钉螺纹部分重心的边距;⟨A1]

$a_{3,c}$——紧固件与非受力端之间的距离;

$a_{3,t}$——紧固件与受力端之间的距离;

$a_{4,c}$——紧固件与非受力边之间的距离;

$a_{4,t}$——紧固件与受力边之间的距离;

a_{bow}——桁架杆件的最大翘曲(bow)变形;

$a_{bow,perm}$——桁架杆件的最大允许翘曲变形;

a_{dev}——桁架的最大偏差;

$a_{dev,perm}$——桁架的最大允许偏差;

b——宽度;

b_i——第 i 板(在 9.2.4.2)或第 i 墙(在 9.2.4.3)的宽度;

b_{net}——墙骨柱的净距;

b_w——腹板宽度;

[A1⟩ d——直径;外螺纹直径;

d_1——内螺纹直径⟨A1];

d_c——连接件直径;

d_{ef}——有效直径;

[A1⟩ d_h——螺钉头直径⟨A1];

$f_{h,i,k}$——第 i 个木构件的销槽承压强度标准值;

$f_{a,0,0}$——$\alpha = 0°$且$\beta = 0°$时,单位面积的锚固承载力标准值;

$f_{a,90,90}$——$\alpha = 90°$且$\beta = 90°$时,单位面积的锚固承载力标准值;

$f_{a,\alpha,\beta,k}$——锚固强度标准值;

[A1⟩ $f_{ax,k}$——钉尖抗拔强度标准值,抗拔强度标准值⟨A1];

$f_{c,0,d}$——顺纹抗压强度设计值;

$f_{c,w,d}$——腹板抗压强度设计值;

$f_{f,c,d}$——翼缘抗压强度设计值;

$f_{c,90,k}$——横纹抗压强度标准值;

$f_{f,t,d}$——翼缘抗拉强度设计值;

$f_{h,k}$——销槽承压强度标准值;

$f_{head,k}$——钉头穿透强度标准值;

f_1——基频;

$f_{m,k}$——抗弯强度标准值;

$f_{m,y,d}$——绕主轴 y 的抗弯强度设计值；

$f_{m,z,d}$——绕主轴 z 的抗弯强度设计值；

$f_{m,\alpha,d}$——与木纹呈夹角 α 时的抗弯强度设计值；

$f_{t,0,d}$——顺纹抗拉强度设计值；

$f_{t,0,k}$——顺纹抗拉强度标准值；

$f_{t,90,d}$——横纹抗拉强度设计值；

$f_{t,w,d}$——腹板抗拉强度设计值；

$f_{u,k}$——螺栓抗拉强度标准值；

$f_{v,0,d}$——板抗剪强度设计值；

$f_{v,ax,\alpha,k}$——斜纹抗拔强度标准值；

$f_{v,ax,90,k}$——横纹抗拔强度标准值；

$f_{v,d}$——抗剪强度设计值；

h——深度；墙体高度；

h_{ap}——顶点区的高度；

h_d——孔的深度；

h_e——嵌入深度；

h——受力边距；

h_{ef}——有效高度；

$h_{f,c}$——受压翼缘高度；

$h_{f,t}$——受拉翼缘高度；

[A2⟩删除的文本⟨A2]

h_w——腹板高度；

i——切口斜率；

$k_{c,y}$ 或 $k_{c,z}$——不稳定系数；

[A1⟩ k_{cr}——抗剪开裂系数⟨A1]；

k_{crit}——侧向屈曲系数；

k_d—— 板的尺寸系数；

k_{def}——变形系数；

k_{dis}——考虑顶点区应力分布的系数；

$k_{f,1}$、$k_{f,2}$、$k_{f,3}$——支撑抗力修正系数；

k_h——高度系数；

$k_{i,q}$——均布荷载系数；

k_m——考虑在截面内弯曲应力重分布的系数；

k_{mod}——考虑荷载持续作用和含水率影响的修正系数；

k_n——覆面材料系数；

k_r——折减系数；

$k_{R,red}$——承载力折减系数；

k_s——紧固件间距系数；弹簧刚度修正系数；

$k_{s,red}$——间距折减系数；

k_{shape}——截面形状系数；

k_{sys}——体系强度系数；

k_v——切口梁折减系数；

k_{vol}——体积系数；

k_y 或 k_z——不稳定系数；

$l_{a,min}$——植筋最小锚固长度；

l——跨度；接触长度；

l_A——孔的支撑距离；

l_{ef}——有效长度；分布的有效长度；

l_V——孔到构件末端的距离；

l_Z——孔间距；

m——单位面积质量；

n_{40}——40Hz 以下的频率数；

n_{ef}——紧固件有效数量；

p_d——分布荷载；

q_i——等效均布荷载；

r——曲率半径；

s——间距；

s_0——基础紧固件间距；

r_{in}——内半径；

t——厚度；

t_{pen}——穿入深度；

u_{creep}——蠕变变形；

u_{fin}——最终变形；

$u_{fin,G}$——永久作用 G 产生的最终变形；

$u_{\mathrm{fin,Q,1}}$——主导可变作用 Q_1 产生的最终变形；

$u_{\mathrm{fin,Q},i}$——其他可变作用 Q_i 产生的最终变形；

u_{inst}——瞬时变形；

$u_{\mathrm{inst,G}}$——永久作用 G 产生的瞬时变形；

$u_{\mathrm{inst,Q,1}}$——主导可变作用 Q_1 产生的瞬时变形；

$u_{\mathrm{inst,Q},i}$——其他可变作用 Q_i 产生的瞬时变形；

w_{c}——预拱度；

w_{creep}——蠕变挠度；

w_{fin}——最终挠度；

w_{inst}——瞬时挠度；

$w_{\mathrm{net,fin}}$——净最终挠度；

v——单位脉冲速度响应。

希腊小写字母

α——x 方向和齿板受力方向之间的夹角；力和木纹方向之间的夹角；力的方向和受力边(或端)的夹角；

β——木纹方向和齿板受力方向之间的夹角；

β_{c}——直度系数；

γ——x 方向和齿板的木连接线之间的夹角；

γ_{M}——材料性能的分项系数，同时考虑模型的不确定性和尺寸的变化；

λ_y——绕 y 轴弯曲的长细比；

λ_z——绕 z 轴弯曲的长细比；

$\lambda_{\mathrm{rel},y}$——绕 y 轴弯曲的相对长细比；

$\lambda_{\mathrm{rel},z}$——绕 z 轴弯曲的相对长细比；

[A1) ρ_{a}——关联密度；(A1]

ρ_{k}——密度标准值；

ρ_{m}——密度平均值；

$\sigma_{\mathrm{c,0,d}}$——顺纹压应力设计值；

$\sigma_{\mathrm{c},\alpha,\mathrm{d}}$——与木纹呈夹角 α 时的压应力设计值；

$\sigma_{\mathrm{f,c,d}}$——翼缘平均压应力设计值；

$\sigma_{\mathrm{f,c,max,d}}$——翼缘最大压应力设计值(译者注：翼缘最外侧木纹处压应力)；

$\sigma_{\mathrm{f,t,d}}$——翼缘平均拉应力设计值；

$\sigma_{\mathrm{f,t,max,d}}$——翼缘最大拉应力设计值(译者注：翼缘最外侧木纹处拉应力)；

$\sigma_{m,crit}$——临界弯曲应力；

$\sigma_{m,y,d}$——绕主轴 y 的弯曲应力设计值；

$\sigma_{m,z,d}$——绕主轴 z 的弯曲应力设计值；

$\sigma_{m,\alpha,d}$——与木纹呈夹角 α 时的弯曲应力设计值；

σ_N——轴向应力；

$\sigma_{t,0,d}$——顺纹拉应力设计值；

$\sigma_{t,90,d}$——横纹拉应力设计值；

$\sigma_{w,c,d}$——腹板压应力设计值；

$\sigma_{w,t,d}$——腹板拉应力设计值；

τ_d——剪应力设计值；

$\tau_{F,d}$——轴力引起的锚固应力设计值；

$\tau_{M,d}$——弯矩引起的锚固应力设计值；

$\tau_{tor,d}$——扭矩引起的剪应力设计值；

ψ_0——可变作用的组合值系数；

ψ_2——可变作用的准永久值系数；

ζ——模态阻尼比。

2 设计基础

2.1 规定

2.1.1 基本规定

(1)P 木结构设计应参照 EN 1990:2002 进行。

(2)P 本标准中给出的关于木结构的补充规定也应适用。

(3)当极限状态设计与 EN 1990:2002 中分项系数法和 EN 1991 中作用和作用组合,以及 EN 1995 中抗力和适用性与耐久性的规定一起应用时,EN 1990:2002 第 2 章中的基本规定可用于木结构。

2.1.2 可靠性管理

(1)当要求不同的可靠性等级时,宜按照 EN 1990:2002 附录 C,通过在设计和施工中进行适当的质量管理选择来达到这些等级。

2.1.3 设计使用年限和耐久性

[A1›(1)EN 1990:2002 中 2.3 条和 2.4 条适用于本标准。‹A1]

2.2 极限状态设计原理

2.2.1 一般规定

(1)P 不同极限状态的设计模型应考虑以下方面(如有必要):

—不同的材料性能(例如,强度和刚度);

—不同材料随时间变化的特性(荷载持续作用、蠕变);

—不同的气候条件(温度、湿度变化);

—不同的设计状况(施工阶段、支撑条件的改变)。

2.2.2 承载能力极限状态

(1)P 针对刚度特性,应采用如下值进行结构分析:

—对于结构的一阶线弹性分析,如果结构的内力分布未受到结构中刚度分布的影响(例如,所有构件均有相同的随时间变化的特性),应使用平均值;

—对于结构的一阶线弹性分析,如果结构的内力分布受到结构中刚度分布的影响(例如,组合构件的材料有不同的随时间变化的特性),应使用最终平均值,其根据引起与强度相关的最大应力的荷载分量而做调整;

—对于结构的二阶线弹性分析,应使用设计值,其不根据荷载持续作用进行调整。

注1:根据荷载持续作用调整的最终值,见2.3.2.2(2)。

注2:刚度特性的设计值,见2.4.1(2)P。

(2)对于承载能力极限状态,连接的滑移模量 K_u 应按下式计算:

$$K_{u} = \frac{2}{3}K_{ser} \tag{2.1}$$

[A1]式中:K_{ser}——滑移模量,见7.1(1)。[/A1]

2.2.3 正常使用极限状态

(1)P 考虑到表面材料、天花板、楼板、隔板和漆面损坏的可能性,以及功能需求和所有的外观要求,由作用效应(如轴力和剪力、弯矩和连接滑移)和湿度引起的结构变形,应保持在适当的范围之内。

(2)宜根据作用标准组合,见EN1990中6.5.3(2)a)条,用适当的弹性模量、剪切模量和滑移模量的平均值计算瞬时变形 u_{inst},见图7.1。

[A2](3)宜使用由作用的准永久组合[见EN 1990:2002中6.5.3(2)(c)条]计算的蠕变变形 u_{creep} 叠加由2.2.3(2)计算的瞬时变形 u_{inst},计算最终变形 u_{fin}(见图7.1的 w_{fin})。宜使用适当的弹性模量、剪切模量和滑移模量的平均值以及由表3.2给出的相关的 k_{def} 值计算蠕变变形。

(4)如果结构由具有不同蠕变性能的构件或部件组成,宜使用根据2.3.2.2(1)得到的适当的弹性模量、剪切模量和滑移模量的最终平均值计算作用的准永久组合引起的长期变形。由于作用的标准组合和准永久组合下长期变形的不同,可由瞬时变形叠加长期变形计算最终变形 u_{fin}。[/A2]

(5)对于由相同蠕变性能的构件、部件和连接组成的结构,且假定作用和对应

的变形之间是线性关系,作为2.2.3(3)的简化,最终变形 u_{fin} 可按下式计算:

$$\text{(A1)}\ u_{\text{fin}} = u_{\text{fin,G}} + u_{\text{fin,Q}_1} + \sum u_{\text{fin,Q}_i}\ \text{(A1)} \tag{2.2}$$

式中:

$$u_{\text{fin,G}} = u_{\text{inst,G}}(1 + k_{\text{def}}) \quad \text{对永久作用 } G \tag{2.3}$$

$$u_{\text{fin,Q,1}} = u_{\text{inst,Q,1}}(1 + \psi_{2,1}k_{\text{def}}) \quad \text{对主导可变作用 } Q_1 \tag{2.4}$$

$$u_{\text{fin,Q},i} = u_{\text{inst,Q},i}(\psi_{0,i} + \psi_{2,i}k_{\text{def}}) \quad \text{对伴随可变作用 } Q_i(i > 1) \tag{2.5}$$

$u_{\text{inst,G}}$、$u_{\text{inst,Q,1}}$、$u_{\text{inst,Q},i}$——分别是作用 G、Q_1、Q_i 的瞬时变形;

$\psi_{2,1}$、$\psi_{2,i}$——可变作用的准永久值系数;

$\psi_{0,i}$——可变作用的组合值系数;

k_{def}——对木材和木基材料见表3.2,对连接见2.3.2.2(3)和2.3.2.2(4)。

使用公式(2.3)~公式(2.5)时,宜删除 EN 1990:2002 中公式(6.16a)和公式(6.16b)的系数 ψ_2。

注:在多数情况下,可使用简化方法。

(6)与振动相关的正常使用极限状态,宜使用合适的刚度模量平均值。

2.3 基本变量

2.3.1 作用和环境影响

2.3.1.1 一般规定

(1)设计中所采用的作用可从 EN 1991 的相关部分获取。

注1:在设计中使用的 EN 1991 相关部分包括:

EN 1991-1-1 密度、自重和施加的荷载

EN 1991-1-3 雪荷载

EN 1991-1-4 风荷载

EN 1991-1-5 温度作用

EN 1991-1-6 施工阶段的作用

EN 1991-1-7 偶然作用

(2)P 荷载持续作用和含水率影响木材和木基构件的强度和刚度特性,应在力学性能和适用性设计中考虑其影响。

(3)P 应考虑木材内含水率变化的影响所引起的作用。

2.3.1.2 荷载持续作用等级

(1)P 荷载持续作用等级以结构使用年限中某段时间内恒定荷载作用的效应

来表征。应基于随时间发生典型变化的荷载的估算，确定可变作用合适的等级。

(2)P　对于强度和刚度的计算，荷载应与表2.1中指定的一个荷载持续作用等级对应。

表2.1　荷载持续作用等级

荷载持续作用等级	特征荷载累计持续时间排序
永久	10年以上
长期	6个月~10年
中期	1周~6个月
短期	短于1周
瞬时	

注：表2.2给出了荷载持续作用等级的划分示例。由于气候荷载(雪、风)在不同国家是变化的，因此各国的国家附录可规定荷载持续作用等级的划分。

表2.2　荷载持续作用指定示例

荷载持续作用等级	荷载示例
永久	自重
长期	仓储
中期	楼面荷载、雪荷载
短期	雪荷载、风荷载
瞬时	风荷载、偶然荷载

2.3.1.3　服役等级

(1)P　应给结构指定下列服役等级之一：

注1：服役等级系统主要用于指定强度值和计算在确定环境条件下的变形。

注2：国家附件可给出在(2)P、(3)P和(4)P中提到的指定结构服役等级的信息。

(2)P　服役等级1级：以温度为20℃，周围空气的相对湿度在一年中超过65%的时间只有数周的材料含水率为特征。

注：服役等级1级时，大部分软木的平均含水率不超过12%。

(3)P　服役等级2级：以温度为20℃，周围空气的相对湿度在一年中超过85%的时间只有数周的材料含水率为特征。

注：服役等级2级时，大部分软木的平均含水率不超过20%。

(4)P　服役等级3级：以气候条件导致高于服役等级2级中材料的含水率为特征。

2.3.2 材料和产品性能

2.3.2.1 荷载持续作用和水分对强度的影响

(1)3.1.3 条给出了荷载持续作用和含水率对强度影响的修正系数,见 2.4.1。

(2)当连接由两个具有不同与时间相关行为的木构件组成时,宜使用以下修正系数 k_{mod} 计算承载力设计值:

$$k_{mod} = \sqrt{k_{mod,1} k_{mod,2}} \tag{2.6}$$

式中:$k_{mod,1}$、$k_{mod,2}$——两个木构件的修正系数。

2.3.2.2 荷载持续作用和水分对变形的影响

(A2)(1)对于正常使用极限状态,当结构由具有不同随时间变化特性(properties)的构件或部件组成时,宜使用下式计算得到的弹性模量的最终平均值 $E_{mean,fin}$、剪切模量的最终平均值 $G_{mean,fin}$ 和滑移模量的最终平均值 $K_{ser,fin}$ 计算由作用准永久组合[见 EN 1990:2002, 6.5.3(2)(c)]引起的长期变形。(A2)

$$E_{mean,fin} = \frac{E_{mean}}{1 + k_{def}} \tag{2.7}$$

$$G_{mean,fin} = \frac{G_{mean}}{1 + k_{def}} \tag{2.8}$$

$$K_{ser,fin} = \frac{K_{ser}}{1 + k_{def}} \tag{2.9}$$

(2)对于承载能力极限状态,当结构中的刚度分布影响了构件中力和弯矩的分布时,宜按下式计算弹性模量的最终平均值 $E_{mean,fin}$、剪切模量的最终平均值 $G_{mean,fin}$ 和滑移模量的最终平均值 $k_{mean,fin}$:

$$E_{mean,fin} = \frac{E_{mean}}{1 + \psi_2 k_{def}} \tag{2.10}$$

$$G_{mean,fin} = \frac{G_{mean}}{1 + \psi_2 k_{def}} \tag{2.11}$$

$$K_{ser,fin} = \frac{K_{ser}}{1 + \psi_2 k_{def}} \tag{2.12}$$

式中:E_{mean}——弹性模量的平均值;

G_{mean}——剪切模量的平均值;

K_{ser}——滑移模量；

k_{def}——考虑相关服役等级用于蠕变变形评估的系数；

ψ_2——引起与强度有关最大应力的作用的准永久值系数(如果是永久作用，ψ_2等于1)。

注1：k_{def}值在3.1.4中给出。

注2：ψ_2 值在EN 1990:2002中给出。

(3)当连接由两个具有相同随时间变化特性的木构件组成时，k_{def}值宜乘2。

(4)当连接由两个具有不同随时间变化特性的木基构件组成时，宜使用以下变形系数 k_{def} 计算最终变形值：

$$k_{def}=2\sqrt{k_{def,1}k_{def,2}} \qquad (2.13)$$

式中：$k_{def,1}$、$k_{def,2}$——两个木构件的变形系数。

2.4 基于分项系数法的验算

2.4.1 材料性能的设计值

(1)P 强度性能的设计值 X_d 应按下式计算：

$$X_d=k_{mod}\frac{X_k}{\gamma_M} \qquad (2.14)$$

式中：X_k——强度性能的标准值；

γ_M——材料性能的分项系数；

k_{mod}——考虑荷载持续作用和含水率影响的修正系数。

注1：k_{mod}值在3.1.3中给出。

注2：表2.3中给出了材料性能的分项系数建议值 γ_M。各国选取的数值可见其国家附件有关内容。

表2.3 材料性能和抗力分项系数 γ_M 的建议值

基本组合：	
实木	1.3
层板胶合木	1.25
旋切板胶合木，胶合板，定向结构刨花板	1.2
刨花板	1.3
硬质纤维板	1.3
半硬质纤维板	1.3

表 2.3(续)

基本组合:	
纤维板、中密度纤维板	1.3
软质纤维板	1.3
连接	1.3
齿板紧固件	1.25
偶然组合	1.0

(2)P　构件的刚度特性设计值 E_d或 G_d应按下式计算:

$$E_d = \frac{E_{mean}}{\gamma_M} \tag{2.15}$$

$$G_d = \frac{G_{mean}}{\gamma_M} \tag{2.16}$$

式中:E_{mean}——弹性模量的平均值;

G_{mean}——剪切模量的平均值。

2.4.2　几何尺寸的设计值

(1)系统和横截面的几何尺寸可从产品标准 hEN 或施工图中取值作为名义值。

(2)在本标准中规定的几何缺陷设计值包含以下几方面的影响:

—构件的几何缺陷;

—因制造和安装引起的结构缺陷的影响;

—材料的不均匀性(如由木节引起的)。

2.4.3　设计抗力

(1)P　抗力(承载力)的设计值 R_d应按下式计算:

$$R_d = k_{mod}\frac{R_k}{\gamma_M} \tag{2.17}$$

式中:R_k——承载力的标准值;

γ_M——材料性能的分项系数;

k_{mod}——考虑荷载持续作用和含水率影响的修正系数。

注 1:k_{mod}值在 3.1.3 中给出。

注 2:分项系数,见 2.4.1。

2.4.4 平衡的验算(EQU)

(1)EN 1990:2002 附录 A1 的表 A1.2(A)中给出的静力平衡验算的可靠性格式对木结构设计适用(必要时),例如对压紧锚固的设计或连续梁中承受倾覆作用的支撑的验算。

3 材料性能

3.1 一般规定

3.1.1 强度和刚度参数

(1)P 应基于试验(试验采用的作用效应类型即为结构中材料将承受的作用效应)、或基于与相似树种和等级或木基材料的比较、或基于不同性能间建立的明确关系,确定强度和刚度参数。

3.1.2 应力-应变关系

(1)P 如果标准值的确定基于直到破坏之前应力和应变之间为线性关系的假定,则单个构件的强度验算也应基于这样的线性关系。

(2)当构件或部分构件受压时,可使用非线性关系(弹塑性)。

3.1.3 针对服役等级和荷载持续作用等级的强度修正系数

(1)宜使用表3.1中给出的修正系数 k_{mod} 值。

A1 表3.1 k_{mod} 值

材料	标准	服役等级	荷载持续作用等级				
			永久作用	长期作用	中期作用	短期作用	瞬时作用
实木	EN 14081-1	1	0.60	0.70	0.80	0.90	1.10
		2	0.60	0.70	0.80	0.90	1.10
		3	0.50	0.55	0.65	0.70	0.90
层板胶合木	EN 14080	1	0.60	0.70	0.80	0.90	1.10
		2	0.60	0.70	0.80	0.90	1.10
		3	0.50	0.55	0.65	0.70	0.90
旋切板胶合木	EN 14374,EN 14279	1	0.60	0.70	0.80	0.90	1.10
		2	0.60	0.70	0.80	0.90	1.10
		3	0.50	0.55	0.65	0.70	0.90

表 3.1(续)

材料	标准	服役等级	荷载持续作用等级				
			永久作用	长期作用	中期作用	短期作用	瞬时作用
胶合板	EN636						
	EN 636-1 型	1	0.60	0.70	0.80	0.90	1.10
	EN 636-2 型	2	0.60	0.70	0.80	0.90	1.10
	EN 636-3 型	3	0.50	0.55	0.65	0.70	0.90
定向结构刨花板	EN300						
	OSB/2	1	0.30	0.45	0.65	0.85	1.10
	OSB/3,OSB/4	1	0.40	0.50	0.70	0.90	1.10
	OSB/3, OSB/4	2	0.30	0.40	0.55	0.70	0.90
刨花板	EN 312						
	P4 型, P5 型	1	0.30	0.45	0.65	0.85	1.10
	P5 型	2	0.20	0.30	0.45	0.60	0.80
	P6 型, P7 型	1	0.40	0.50	0.70	0.90	1.10
	P7 型	2	0.30	0.40	0.55	0.70	0.90
硬质纤维板	EN 622-2						
	HB. LA, HB. HLA 1 或 2	1	0.30	0.45	0.65	0.85	1.10
	HB. HLA1 or 2	2	0.20	0.30	0.45	0.60	0.80
半硬质纤维板	EN 622-3						
	MHB. LA1 或 2	1	0.20	0.40	0.60	0.80	1.10
	MHB. HLS1 或 2	2	0.20	0.40	0.60	0.80	1.10
	MHB. HLS1 或 2	1	—	—	—	0.45	0.80
纤维板、中密度纤维板	EN 622-5						
	MDF. LA,MDF. HLS	1	0.20	0.40	0.60	0.80	1.10
	MDF. HLS	2	—	—	—	0.45	0.80

⟨A1]

(2)如果一个荷载组合由属于不同荷载持续作用等级的作用组成,则宜选取最短持续荷载作用对应的 k_{mod} 值,例如对于恒载和短期荷载的组合,宜根据短期荷载来选择 k_{mod} 值。

3.1.4 针对服役等级的变形修正系数

(1)宜使用表 3.2 中给出的变形修正系数 k_{def} 值。

A1 表 3.2 木材和木基材料的 k_{def} 值

材料	标准	服役等级		
		1	2	3
实木	EN 14081-1	0.60	0.80	2.00
层板胶合木	EN 14080	0.60	0.80	2.00
旋切板胶合木	EN 14374, EN 14279	0.60	0.80	2.00
胶合板	EN 636			
	EN 636-1 型	0.80	—	—
	EN 636-2 型	0.80	1.00	—
	EN 636-3 型	0.80	1.00	2.50
定向结构刨花板	EN 300			
	OSB/2	2.25	—	—
	OSB/3, OSB/4	1.50	2.25	—
刨花板	EN 312			
	P4 型	2.25	—	—
	P5 型	2.25	3.00	—
	P6 型	1.50	—	—
	P7 型	1.50	2.25	—
硬质纤维板	EN 622-2			
	HB. LA	2.25	—	—
	HB. HLA1, HB. HLA2	2.25	3.00	—
半硬质纤维板	EN 622-3			
	MBH. LA1, MBH. LA2	3.00	—	—
	MBH. HLS1, MBH. HLS2	3.00	4.00	—
纤维板,中密度纤维板	EN 622-5			
	MDF. LA	2.25	—	—
	MDF. HLS	2.25	3.00	—

A1

3.2 实木

A1 (1)P 木构件应符合 EN 14081-1 的规定。

注:EN 338 中给出了木材的强度等级。A1

(2)可考虑构件尺寸对强度的影响。

(3)当矩形(截面)实木的密度标准值 $\rho_k \leqslant 700\text{kg/m}^3$ 时,受弯参考高度或受拉参考宽度(最大截面尺寸)为150mm。当实木的受弯高度或受拉宽度小于150mm时,强度标准值 $f_{m,k}$ 和 $f_{t,0,k}$ 可以增加 k_h 倍:

$$k_h = \min\begin{cases}\left(\dfrac{150}{h}\right)^{0.2}\\ 1.3\end{cases} \tag{3.1}$$

式中:h——受弯构件的高度或受拉构件的宽度(mm)。

(4)当安装接近或在纤维饱和点的木材和在荷载作用下可能干燥的木材时,表3.2中给出的 k_{def} 值宜增加1.0倍。

(5)P 指接应符合EN 385的规定。

3.3 层板胶合木

(1)P 层板胶合木构件应符合EN 14080的规定。

注:按强度等级划分的层板胶合木,EN 1194给出了其强度值和刚度值,见附录D(资料性)。

(2)可考虑构件尺寸对强度的影响。

(3)对于矩形截面的层板胶合木,受弯参考高度或受拉参考宽度为600mm。对于受弯高度或受拉宽度小于600mm的层板胶合木,标准值 $f_{m,k}$ 和 $f_{t,0,k}$ 可以增加 k_h 倍:

$$k_h = \min\begin{cases}\left(\dfrac{600}{h}\right)^{0.1}\\ 1.1\end{cases} \tag{3.2}$$

式中:h——受弯构件的高度或受拉构件的宽度(mm)。

[A1›(4)P 符合EN387要求的大尺寸指接不应用于服役等级3级且木纹方向在节点处变化的拟安装木产品。‹A1]

(5)P 应考虑构件尺寸对横纹抗拉强度的影响。

3.4 旋切板胶合木(LVL)

(1)P 旋切板胶合木结构构件应符合EN 14374的规定。

(2)P 对于所有单板木纹方向基本一致的矩形截面旋切板胶合木,应考虑构件尺寸对抗弯和抗拉强度的影响。

(3)受弯参考高度为300mm。当受弯高度不等于300mm时,标准值$f_{m,k}$宜乘以系数k_h:

$$k_h = \min\begin{cases}\left(\dfrac{300}{h}\right)^s \\ 1.2\end{cases} \tag{3.3}$$

式中:h——构件高度(mm);

s——尺寸效应指数,参考3.4(5)P。

(4)受拉参考长度为3000mm。当受拉长度不等于3000mm时,标准值$f_{t,0,k}$宜乘以系数k_l:

$$k_l = \min\begin{cases}\left(\dfrac{3000}{l}\right)^{s/2} \\ 1.1\end{cases} \tag{3.4}$$

式中:l——长度(mm)。

(5)P 旋切板胶合木的尺寸效应指数应取EN 14374中规定的值。

A1›(6)P 符合EN 387要求的大尺寸指接不应用于服役等级3级且木纹方向在节点处变化的拟安装木产品。‹A1

(7)P 对于所有单板木纹方向基本一致的旋切板胶合木,应考虑构件尺寸对横纹抗拉强度的影响。

3.5 木基板材

(1)P 木基板材应符合EN 13986的规定,作为板使用的旋切板胶合木应符合EN 14279的规定。

(2)根据EN 622-4的规定,软板宜仅限用于抗风支撑且宜通过试验进行设计。

3.6 胶黏剂

(1)P 结构用胶黏剂应能制成强度和耐久性好的连接,在结构预期使用年限内指定的服役等级下能够保持黏结的整体性。

(2)符合EN 301规定的Ⅰ型要求的胶黏剂可用于所有服役等级。

(3)符合EN 301中规定的Ⅱ型要求的胶黏剂宜仅用于服役等级1级或2级且

没有长时间暴露于温度超过 50°C 的情况下。

3.7 金属紧固件

(1)P　金属紧固件应符合 EN 14592 的规定,金属连接件应符合 EN 14545 的规定。

4 耐久性

4.1 抗生物侵蚀能力

(1)P 木材和木基材料依据 EN 350-2 在特别危险等级(在 EN 335-1、EN 335-2 和 EN 335-3 中定义)下应具有足够的天然耐久性或者应按照 EN 351-1 和 EN 460 的规定进行防腐处理。

注 1:防腐处理可能影响强度和刚度特性。

注 2:EN 350-2 和 EN 335 中给出了针对防腐处理具体要求的规定。

4.2 抗腐蚀性

(1)P 必要时,金属紧固件和其他结构连接应具有固有的耐腐蚀性,或进行防腐保护。

(2)表 4.1 给出了针对不同服役等级(见 2.3.1.3)的最小防腐保护或材料规格的示例。

表 4.1 紧固件材料防腐保护最低规格示例(与 ISO 2081 相关)

紧固件	服役等级[b]		
	1	2	3
$d \leq$4mm 的钉和螺钉	无	Fe/Zn 12c[a]	Fe/Zn 25c[a]
$d>$4mm 的螺栓、销钉、钉和螺钉	无	无	Fe/Zn 25c[a]
扒钉	Fe/Zn 12c[a]	Fe/Zn 12c[a]	不锈钢
齿板紧固件和不超过 3mm 厚的钢板	Fe/Zn 12c[a]	Fe/Zn 12c[a]	不锈钢
厚度介于 3~5mm 的钢板	无	Fe/Zn 12c[a]	Fe/Zn 25c[a]
厚度超过 5mm 的钢板	无	无	Fe/Zn 25c[a]

A2 [a]如果钢板采用热浸锌涂层,应按照 EN 10346 将 Fe/Zn 12C 替换为 Z275,将 Fe/Zn 25C 替换为 Z350。如果销类紧固件采用热浸镀涂层,应按照 EN ISO 1461 将 Fe/Zn 12C 替换为最小 39μm 的镀锌层,将 Fe/Zn 25C 替换为最小 49μm 的镀锌层。A2

[b]在特殊腐蚀条件下,宜考虑加厚热浸镀涂层或采用不锈钢。

5 结构分析基础

5.1 一般规定

(1)P 应使用合适的涉及所有相关变量的设计模型进行计算(必要时通过试验补充)。模型应足够精确以预测结构的性能,并与可能达到的工艺标准和设计所依据信息的可靠性相一致。

(2)宜通过线性材料模型(弹性性能)计算作用效应来评估整体结构性能。

(3)对于能通过具有足够延性的连接进行内力重分布的结构,可以使用弹塑性方法计算构件内力。

(4)P 用于结构或部分结构内力计算的模型应考虑连接变形的影响。

(5)通常,连接中变形的影响宜通过其刚度(例如旋转或平移刚度)或规定的滑移值来考虑,作为连接中荷载水平的函数。

5.2 构件

(1)P 结构分析应考虑以下因素:

—平直度的偏差;

—材料的不均匀性。

注:本标准中给出的设计方法间接地考虑了平直度的偏差和材料的不均匀性。

(2)P 构件强度验算时,应考虑截面面积的折减。

(3)在下列情况下,可忽略截面面积的折减:

—当直径不超过 6mm 的钉和螺钉不预钻孔打入时;

—当孔内填充材料的刚度比木材的高时构件受压区的孔。

(4)当验算多个紧固件节点的有效截面时,从给定截面测得的紧固件顺纹方向最小间距一半范围内的所有孔宜视为该截面上的孔。

5.3 连接

(1)P 应考虑通过整体结构分析确定的各构件之间的力和弯矩,验算连接的承载力。

(2)P 连接的变形应与整体分析中假定的变形协调。

(3)P 连接的分析应考虑构成连接的各部分的性能。

5.4 组件

5.4.1 一般规定

(1)P 应采用静力模型开展结构分析,该模型在可接受的精度水平内考虑结构和支撑的性能。

(2)对于带有齿板紧固件的桁架,宜按5.4.2的框架模型或按5.4.3的简化分析进行分析。

(3)宜按5.4.4进行平面框架或拱的二阶分析。

5.4.2 框架结构

(1)P 对框架结构进行分析,在确定构件的受力和弯矩时,应考虑构件和节点的变形、支座偏心的影响和支承结构的刚度,结构布置和模型单元的定义见图5.1。

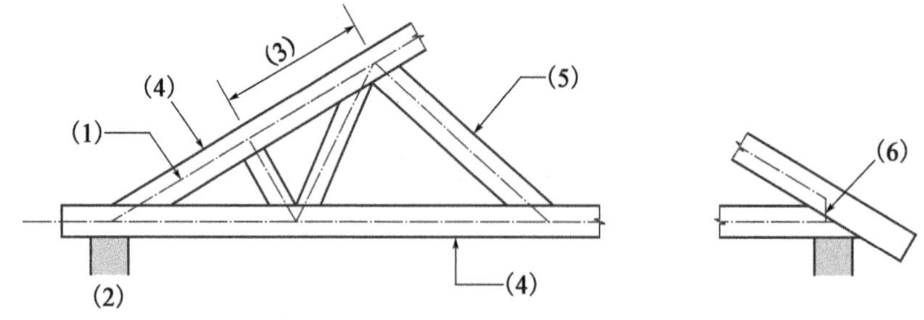

图注:
(1)体系线或轴线(system line)
(2)支座
(3)跨或节点间距(bay)
(4)外部构件
(5)内部构件
(6)虚拟梁单元

图5.1 框架分析模型单元的示例

(2)P　在框架分析中,所有构件的轴线应位于构件剖面内。对于主要构件,例如桁架的外部构件,轴线应与构件中心线重合。

(3)P　如果内部构件的轴线与中心线不重合,则这些构件的强度验算应考虑偏心影响。

(4)虚拟梁单元和弹簧单元可用以模拟偏心连接或支撑。虚拟梁单元的空间方向性和弹簧单元的位置宜尽可能与实际节点的布置一致。

(5)如果在构件的强度验算中已考虑了初始变形和引起的挠度的影响,则在一阶线弹性分析中可忽略此影响。

(6)宜使用2.2.2中定义的合适的构件刚度值开展框架结构分析。宜假定虚拟梁单元具有和真实连接相对应的刚度。

(7)如果连接的变形没有对构件的受力和弯矩的分布产生明显影响,则连接可被假定为刚接。否则,通常可被假定为铰接。

(8)强度验算时可忽略节点的平动滑移,除非其显著影响内力和弯矩的分布。

(9)对于格构结构中所用的拼接连接,如果其承载时的实际转动不会对构件的受力产生明显影响,则可以模拟为刚接。符合下列条件之一,即满足该要求:

—拼接连接的承载力至少相当于所施加力和弯矩的组合的1.5倍;

—拼接连接的承载力至少相当于所施加力和弯矩的组合,前提是木构件不承受超过构件抗弯强度0.3倍的弯曲应力,且当所有这样的连接都是铰接时,组件将稳定。

5.4.3　齿板紧固件桁架的简化分析

(1)全三角桁架的简化分析宜符合以下条件:

—外表面没有内凹角;

—支座宽度在长度 a_1 范围内,且图5.2中的距离 a_2 不大于 $a_1/3$ 或100mm,取两者中的较大值;

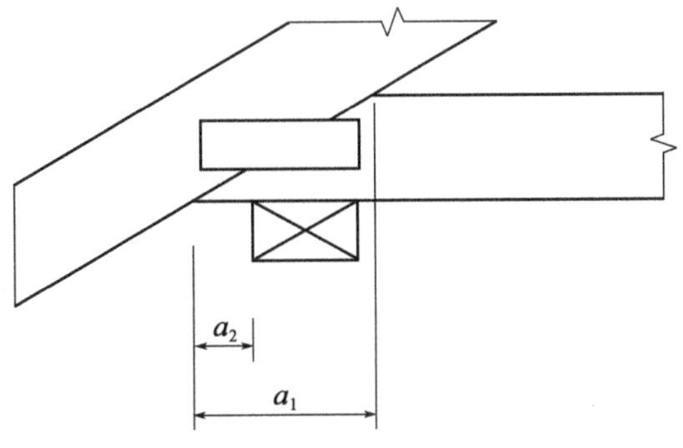

图5.2　支座几何位置示意

—桁架高度大于跨度的 0.15 倍和外部构件最大高度的 10 倍。

(2)宜基于每个节点为铰接来确定构件的轴力。

(3)宜基于端部节点为铰接来确定在单跨构件中的弯矩。宜基于构件为在每个节点都有简单支撑的梁确定在多跨连续构件中的弯矩。宜对构件内支座处的弯矩折减 10%,以考虑节点处的挠度和连接处部分固接的影响。宜使用内支座的弯矩来计算跨弯矩。

5.4.4 平面框架和拱

(1)P 5.2 的要求适用。应考虑附加挠度对内力和弯矩的影响。

(2)可通过采用以下假定进行二阶线性分析考虑附加挠度对内力和弯矩的影响。

—结构的不规则形状宜被假定相当于一个初始变形(通过给结构或相关部分施加一个倾角 ϕ)和一个初始正弦弯曲(在结构的节点间对应最大偏心 e)。

—弧度值 ϕ 最小应取:

$$\begin{aligned} \phi &= 0.005 && \text{对于 } h \leqslant 5\text{m} \\ \phi &= 0.005\sqrt{5/h} && \text{对于 } h > 5\text{m} \end{aligned} \tag{5.1}$$

式中:h——结构高度或构件长度(m)。

—e 值最小宜取:

$$e = 0.0025l \tag{5.2}$$

几何中假定的初始偏差的示例和 l 的定义如图 5.3 所示。

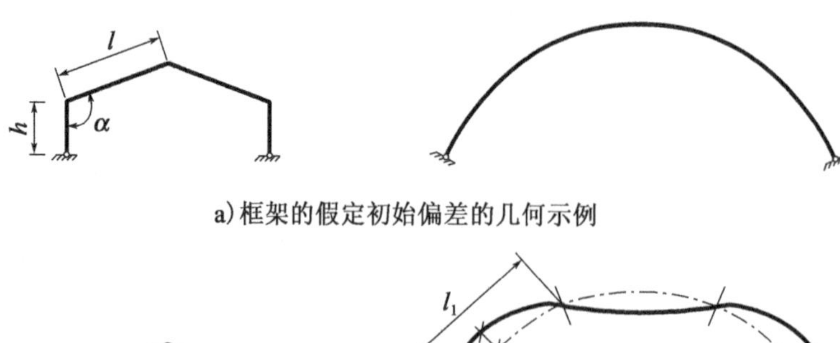

a)框架的假定初始偏差的几何示例

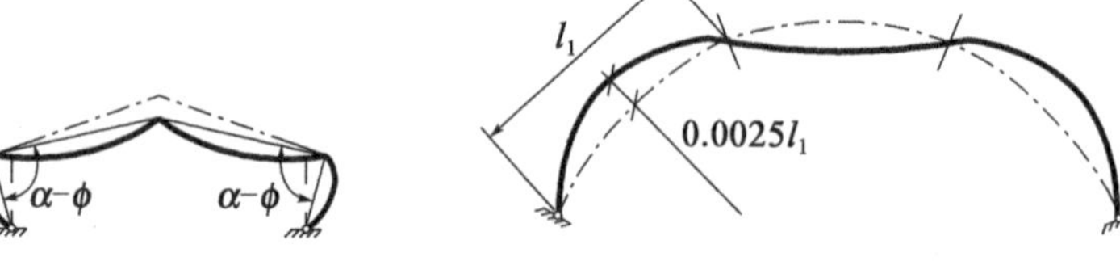

b)对称承载

图 5.3

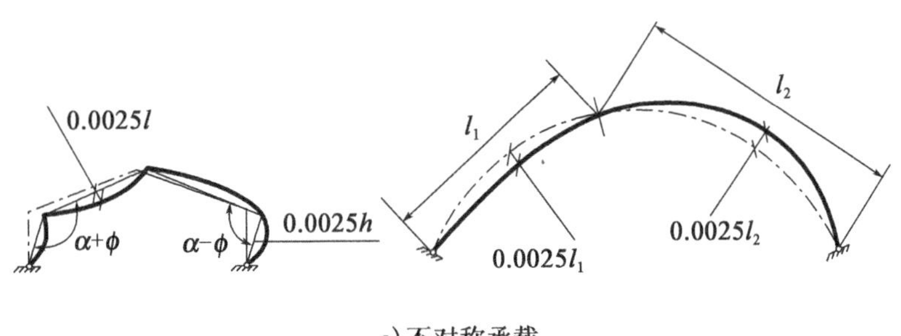

c)不对称承载

图 5.3　框架几何中假定初始偏差的示例

6 承载能力极限状态

6.1 主轴应力状态下的截面设计

6.1.1 一般规定

(1)6.1 适用于平直的实木、层板胶合木或等截面木基结构制品,其木纹方向与构件的长度方向基本平行。假定构件仅承受一个主轴方向上的应力(见图6.1)。

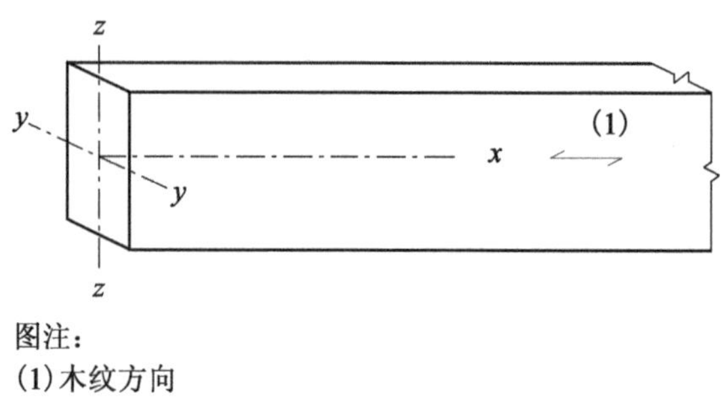

图注:
(1)木纹方向

图6.1 构件主轴

6.1.2 顺纹受拉

(1)P 应满足以下公式:

$$\sigma_{t,0,d} \leqslant f_{t,0,d} \tag{6.1}$$

式中:$\sigma_{t,0,d}$——顺纹拉应力设计值;

$f_{t,0,d}$——顺纹抗拉强度设计值。

6.1.3 横纹受拉

(1)P 应考虑构件的尺寸效应。

6.1.4 顺纹受压

(1)P 应满足以下公式:

$$\sigma_{c,0,d} \leqslant f_{c,0,d} \tag{6.2}$$

式中:$\sigma_{c,0,d}$——顺纹压应力设计值;

$f_{c,0,d}$——顺纹抗压强度设计值。

注:6.3 给出了关于构件失稳的规定。

6.1.5 横纹受压

A1(1)P 应满足以下公式:

$$\sigma_{c,90,d} \leqslant k_{c,90} f_{c,90,d} \tag{6.3}$$

且:

$$\sigma_{c,90,d} = \frac{F_{c,90,d}}{A_{ef}} \tag{6.4}$$

式中:$\sigma_{c,90,d}$——横纹有效接触面内压应力设计值;

$F_{c,90,d}$——横纹受压荷载设计值;

A_{ef}——横纹受压有效接触面面积;

$f_{c,90,d}$——横纹抗压强度设计值;

$k_{c,90}$——考虑荷载布置、劈裂可能和受压变形程度的系数。

宜考虑顺纹有效接触长度确定横纹有效接触面面积 A_{ef},其中实际有效接触长度 l 两边各增加 30mm,但不超过 a、l、或 $l_1/2$,见图 6.2。

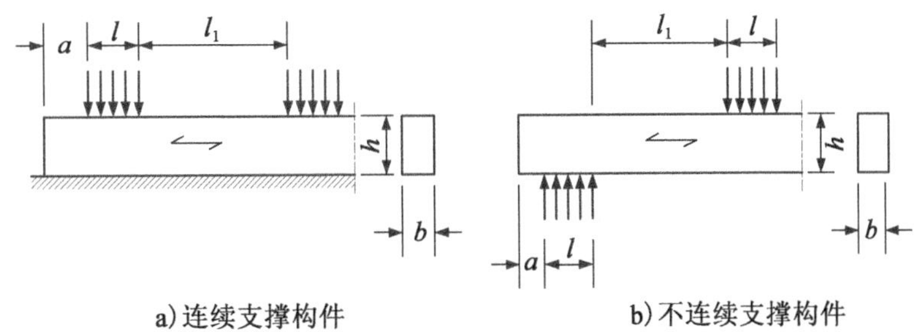

图 6.2

(2)除下述情况外,$k_{c,90}$ 宜取 1.0。在下述情况下,$k_{c,90}$ 值可稍取大些,上限为 $k_{c,90} = 1.75$。

(3)对于连续支撑构件,前提是 $l_1 \geqslant 2h$,见图 6.2a),$k_{c,90}$ 值宜取:

—$k_{c,90} = 1.25$ 对于针叶材实木

—$k_{c,90} = 1.5$ 对于针叶材层板胶合木

其中,h 是构件的高度,l 是接触长度。

A2(4)对于不连续支撑构件,当分布荷载和/或集中荷载距支座大于 $l_1 = 2h$ 时,见

图 6.2b),$k_{c,90}$值宜取:

—$k_{c,90}=1.5$　对于针叶材实木

—$k_{c,90}=1.75$　对于针叶材层板胶合木,前提是 $l\leqslant 400$mm

其中,h 是构件的高度,l 是接触长度。

在近中心处的一系列点载荷(例如:位于中心处的搁栅或椽条 <610mm)可看作分布荷载。〈A2〉

〈A1〉

6.1.6 弯曲

(1)P　应满足以下公式:

$$\frac{\sigma_{m,y,d}}{f_{m,y,d}}+k_m\frac{\sigma_{m,z,d}}{f_{m,z,d}}\leqslant 1 \tag{6.11}$$

$$k_m\frac{\sigma_{m,y,d}}{f_{m,y,d}}+\frac{\sigma_{m,z,d}}{f_{m,z,d}}\leqslant 1 \tag{6.12}$$

式中:$\sigma_{m,y,d}$、$\sigma_{m,z,d}$——绕主轴的弯曲应力设计值,见图 6.1;

$f_{m,y,d}$、$f_{m,z,d}$——抗弯强度设计值。

注:系数 k_m考虑了应力重分布和材料在截面上的不均匀性的影响。

(2)系数 k_m 宜按下述规定取值:

对于实木、层板胶合木和旋切板胶合木:

矩形截面:$k_m=0.7$;

其他截面:$k_m=1.0$;

对于其他木基结构制品的所有截面:$k_m=1.0$。

(3)P　还应进行失稳验算(见 6.3)。

6.1.7 剪切

〈A1〉(1)P　对于有顺纹应力分量的剪切作用,见图 6.5a),对于有两个横纹应力分量的剪切作用,见图 6.5b),应满足以下公式:

$$\tau_d\leqslant f_{v,d} \tag{6.13}$$

式中:τ_d——剪应力设计值;

$f_{v,d}$——实际条件下的抗剪强度设计值。

注:滚剪强度约等于横纹抗拉强度的 2 倍。

(2)对于受弯构件的抗剪承载力验算,宜使用构件的有效宽度考虑裂缝的影响,如下式所示:

$$b_{ef} = k_{cr} b \tag{6.13a}$$

式中:b——构件相关截面的宽度。

注:k_{cr}的建议值如下:

$k_{cr}=0.67$　对于实木;

$k_{cr}=0.67$　对于层板胶合木;

$k_{cr}=1.0$　对于其他符合 EN 13986 和 EN 14374 规定的木基制品。

各国选取的数值参见国家附件有关内容。〈A1〉

〈A1〉

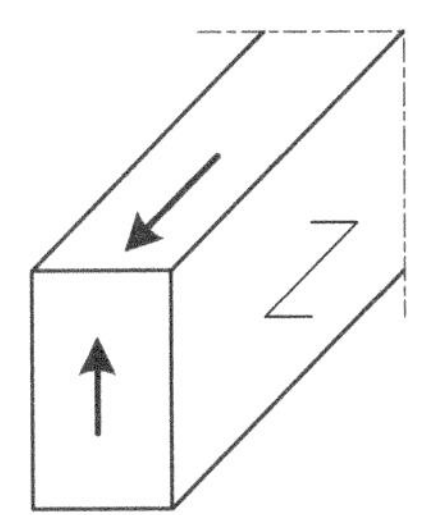

a)具有顺纹剪应力分量的构件

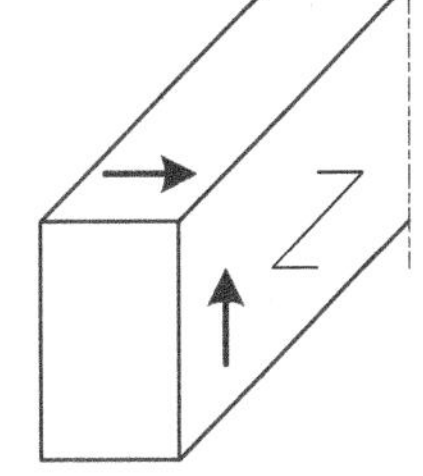

b)有同时具有顺纹和横纹剪应力分量的构件(滚剪)

图6.5　构件受剪情况

(3)当集中荷载 F 作用于梁顶面且距支座边缘距离在 h 或 h_{ef} 范围内时,可忽略其对支座处总剪力的贡献(见图6.6)。对于支座处有切口的梁,此剪力折减仅适用于切口朝上的情况。

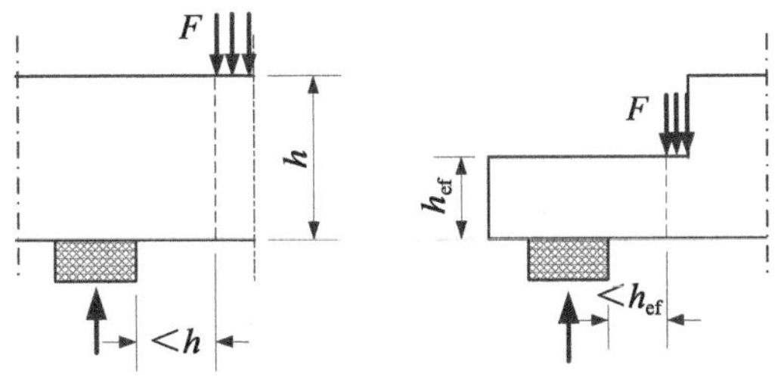

图6.6　在剪力计算中可忽略集中力 F 的支座情况〈A1〉

6.1.8　扭转

(1)P　应满足以下公式:

$$\tau_{tor,d} \leqslant k_{shape} f_{v,b} \tag{6.14}$$

和

〈A2〉

$$k_{shape} = \begin{cases} 1.2 & \\ \min\begin{cases} 1+0.05\dfrac{h}{b} \\ 1.3 \end{cases} & \end{cases} \quad \begin{matrix} \text{对于圆形截面} \\ \text{对于矩形截面} \end{matrix} \tag{6.15}$$

〈A2〕

式中：$\tau_{tor,d}$——扭转应力设计值；

$f_{v,d}$——抗剪强度设计值；

k_{shape}——取决于截面形状的系数；

h——截面长边尺寸；

b——截面短边尺寸。

6.2 复合应力状态下的截面设计

6.2.1 一般规定

(1)P 条文6.2适用于平直的实木、层板胶合木或等截面木基结构制品，其木纹方向与构件的长度方向基本平行。假定构件承受组合作用引起的应力或应力作用在两个或三个主轴上。

6.2.2 斜纹压应力

(1)P 应考虑两个或多个方向上压应力的交互作用。

(2)与木纹呈夹角 α 时的压应力(见图6.7)应满足以下公式：

$$\sigma_{c,\alpha,d} \leq \frac{f_{c,0,d}}{\dfrac{f_{c,0,d}}{k_{c,90}f_{c,90,d}}\sin^2\alpha + \cos^2\alpha} \tag{6.16}$$

式中：$\sigma_{c,\alpha,d}$——与木纹呈夹角 α 时的压应力；

$k_{c,90}$——考虑所有横纹应力影响的系数，见6.1.5。

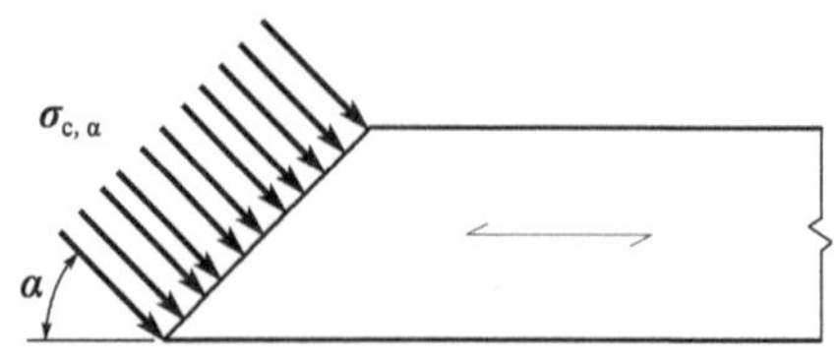

图6.7 斜纹压应力

6.2.3 拉弯组合

(1)P 应满足以下公式：

$$\frac{\sigma_{t,0,d}}{f_{t,0,d}} + \frac{\sigma_{m,y,d}}{f_{m,y,d}} + k_m \frac{\sigma_{m,z,d}}{f_{m,z,d}} \leqslant 1 \tag{6.17}$$

$$\frac{\sigma_{t,0,d}}{f_{t,0,d}} + k_m \frac{\sigma_{m,y,d}}{f_{m,y,d}} + \frac{\sigma_{m,z,d}}{f_{m,z,d}} \leqslant 1 \tag{6.18}$$

[A2>(2)取6.1.6中给出的k_m值。

注:当$\sigma_{t,0,d}=0$时,失稳验算采用6.3中给出的方法。<A2]

6.2.4 压弯组合

(1)P 应满足以下公式:

$$\left(\frac{\sigma_{c,0,d}}{f_{c,0,d}}\right)^2 + \frac{\sigma_{m,y,d}}{f_{m,y,d}} + k_m \frac{\sigma_{m,z,d}}{f_{m,z,d}} \leqslant 1 \tag{6.19}$$

$$\left(\frac{\sigma_{c,0,d}}{f_{c,0,d}}\right)^2 + k_m \frac{\sigma_{m,y,d}}{f_{m,y,d}} + \frac{\sigma_{m,z,d}}{f_{m,z,d}} \leqslant 1 \tag{6.20}$$

(2)P 取6.1.6中给出的k_m值。

注:失稳验算采用6.3中给出的方法。

6.3 构件稳定性

6.3.1 一般规定

(1)P 除了由任意侧向荷载引起的弯曲应力外,还应考虑由初曲率、初偏心和引起的挠度所产生的弯曲应力。

(2)P 应使用标准值验算柱的稳定性和侧向抗扭稳定性,如$E_{0.05}$。

(3)宜根据6.3.2验算受压或受压弯组合的柱的稳定性。

(4)宜根据6.3.3验算受弯或受压弯组合的梁的侧向抗扭稳定性。

6.3.2 受压或受压弯组合的柱

(1)相对长细比宜按下式计算:

$$\lambda_{rel,y} = \frac{\lambda_y}{\pi}\sqrt{\frac{f_{c,0,k}}{E_{0.05}}} \tag{6.21}$$

和

$$\lambda_{rel,z} = \frac{\lambda_z}{\pi}\sqrt{\frac{f_{c,0,k}}{E_{0.05}}} \tag{6.22}$$

式中:λ_y、$\lambda_{rel,y}$——对应的绕y轴弯曲的长细比(z方向偏转);

λ_z、$\lambda_{rel,z}$——对应的绕 z 轴弯曲的长细比(y 方向偏转);

$E_{0.05}$——顺纹弹性模量的5%分位值。

(2)当 $\lambda_{rel,z} \leqslant 0.3$ 且 $\lambda_{rel,y} \leqslant 0.3$ 时,宜力应满足6.2.4中的公式(6.19)和公式(6.20)。

(3)对于所有其他情况,由于挠度而增加的应力宜满足下式的要求:

$$\frac{\sigma_{c,0,d}}{k_{c,y} f_{c,0,d}} + \frac{\sigma_{m,y,d}}{f_{m,y,d}} + k_m \frac{\sigma_{m,z,d}}{f_{m,z,d}} \leqslant 1 \tag{6.23}$$

$$\frac{\sigma_{c,0,d}}{k_{c,z} f_{c,0,d}} + k_m \frac{\sigma_{m,y,d}}{f_{m,y,d}} + \frac{\sigma_{m,z,d}}{f_{m,z,d}} \leqslant 1 \tag{6.24}$$

式中符号定义如下:

$$k_{c,y} = \frac{1}{k_y + \sqrt{k_y^2 - \lambda_{rel,y}^2}} \tag{6.25}$$

$$k_{c,z} = \frac{1}{k_z + \sqrt{k_z^2 - \lambda_{rel,z}^2}} \tag{6.26}$$

$$k_y = 0.5\left[1 + \beta_c(\lambda_{rel,y} - 0.3) + \lambda_{rel,y}^2\right] \tag{6.27}$$

$$k_z = 0.5\left[1 + \beta_c(\lambda_{rel,z} - 0.3) + \lambda_{rel,z}^2\right] \tag{6.28}$$

式中:β_c——在第10章中规定的平直度范围内的构件的系数:

$$\beta_c = \begin{cases} 0.2 & \text{实木} \\ 0.1 & \text{层板胶合木和旋切板胶合木} \end{cases} \tag{6.29}$$

k_m——见6.1.6。

6.3.3 受弯或受压弯组合的梁

(1)P 应在只有绕强轴 y 的力矩 M_y 和力矩 M_y 与压力 N_c 组合的两种情况下验算侧向扭转稳定性。

(2)弯曲时相对长细比宜按下式计算:

$$\lambda_{rel,m} = \sqrt{\frac{f_{m,k}}{\sigma_{m,crit}}} \tag{6.30}$$

式中:$\sigma_{m,crit}$——根据经典稳定性理论,采用刚度的5%分位值计算临界弯曲应力。

临界弯曲应力宜按下式计算:

$$\sigma_{m,crit} = \frac{M_{y,crit}}{W_y} = \frac{\pi\sqrt{E_{0.05} I_z G_{0.05} I_{tor}}}{l_{ef} W_y} \tag{6.31}$$

式中:$E_{0.05}$——顺纹弹性模量的5%分位值;

$G_{0.05}$——顺纹剪切模量的5%分位值；

I_z——对于弱轴 z 的截面惯性矩；

I_{tor}——扭转惯性矩；

l_{ef}——梁的有效长度，取决于支撑条件和荷载分布，参照表6.1；

W_y——对于强轴 y 的截面模量。

表6.1　有效长度与跨度之比

梁 的 类 型	荷 载 类 型	l_{ef}/l[a]
简支梁	等弯矩	1.0
	均布荷载	0.9
	跨中集中力	0.8
悬臂梁	均布荷载	0.5
	自由端集中力	0.8

[a] 对于具有扭转约束支撑且在重心处加载的梁，该有效长度 l_{ef} 与跨度 l 之比可用。当荷载施加于梁的受压边缘时，则 l_{ef} 应增加 $2h$；当荷载施加于梁的受拉边缘时，l_{ef} 可减小 $0.5h$

对于具有实心矩形截面的针叶材，$\sigma_{m,crit}$ 应按下式计算：

$$\sigma_{m,crit}=\frac{0.78b^2}{hl_{ef}}E_{0.05} \tag{6.32}$$

式中：b——梁的宽度；

h——梁的高度。

(3)当绕强轴 y 的只有弯矩 M_y 时，应力宜满足下式的要求：

$$\sigma_{m,d}\leqslant k_{crit}f_{m,d} \tag{6.33}$$

式中：$\sigma_{m,d}$——弯曲应力设计值；

$f_{m,d}$——抗弯强度设计值；

k_{crit}——考虑因侧向屈曲导致抗弯强度折减的系数。

(4)对于初始侧向平直度偏差在第10章规定范围内的梁，k_{crit} 可按公式(6.34)确定：

$$k_{crit}=\begin{cases}1 & \lambda_{rel,m}\leqslant 0.75\\ 1.56-0.75\lambda_{rel,m} & 0.75<\lambda_{rel,m}\leqslant 1.4\\ \dfrac{1}{\lambda_{rel,m}^2} & \lambda_{rel,m}>1.4\end{cases} \tag{6.34}$$

(5)对于沿梁全长有防止受压边缘侧向位移且防止支座处扭转措施的梁，系数 k_{crit} 可取1.0。

[A1](6)当存在绕强轴 y 的力矩 M_y 与压力 N_c 组合的情况时,应力宜满足以下公式:

$$\left(\frac{\sigma_{m,d}}{k_{crit} f_{m,d}}\right)^2 + \frac{\sigma_{c,0,d}}{k_{c,z} f_{c,0,d}} \leqslant 1 \tag{6.35}$$

式中:$\sigma_{m,d}$——弯曲应力设计值;

$\sigma_{c,0,d}$——顺纹压应力设计值;

$f_{c,0,d}$——顺纹抗压强度设计值。

$k_{c,z}$——见公式(6.26)。[A1]

6.4 变截面构件或弧形构件的截面设计

6.4.1 一般规定

(1)P 应考虑轴力和弯矩组合的影响。

(2)宜验算6.2 和6.3 的相关部分。

(3)可按下式计算轴力引起的截面应力:

$$\sigma_N = \frac{N}{A} \tag{6.36}$$

式中:σ_N——轴向应力;

N——轴力;

A——截面面积。

6.4.2 单坡梁

(1)P 应考虑坡度对平行于表面的弯曲应力的影响。

(2)弯曲应力设计值 $\sigma_{m,\alpha,d}$ 和 $\sigma_{m,0,d}$(见图6.8)可按下式计算:

$$\sigma_{m,\alpha,d} = \sigma_{m,0,d} = \frac{6M_d}{bh^2} \tag{6.37}$$

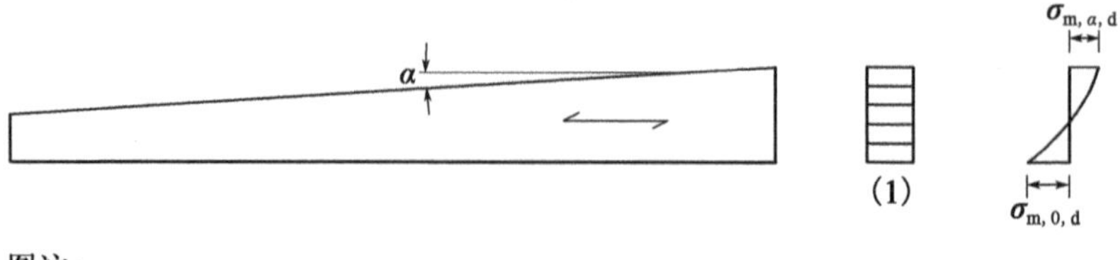

图注:
(1)截面

图6.8 单坡梁

坡边缘最外侧应力宜满足下式的要求:

$$\sigma_{m,\alpha,d} \leqslant k_{m,\alpha} f_{m,d} \tag{6.38}$$

式中：$\sigma_{m,\alpha,d}$——与木纹呈夹角 α 时的弯曲应力设计值；

$f_{m,d}$——抗弯强度设计值；

$k_{m,\alpha}$——宜按下式计算：

对平行于坡边的拉应力：

$$k_{m,\alpha} = \frac{1}{\sqrt{1 + \left(\frac{f_{m,d}}{0.75 f_{v,d}} \tan\alpha\right)^2 + \left(\frac{f_{m,d}}{f_{t,90,d}} \tan^2\alpha\right)^2}} \tag{6.39}$$

对平行于坡边的压应力：

$$k_{m,\alpha} = \frac{1}{\sqrt{1 + \left(\frac{f_{m,d}}{1.5 f_{v,d}} \tan\alpha\right)^2 + \left(\frac{f_{m,d}}{f_{c,90,d}} \tan^2\alpha\right)^2}} \tag{6.40}$$

6.4.3 双坡梁、弧形梁和双坡拱梁

(1)本条仅适用于层板胶合木和旋切板胶合木。

(2)6.4.2 的要求适用于梁的单坡部分。

(3)在顶点区(图 6.9)，弯曲应力宜满足下式的要求：

$$\sigma_{m,d} \leqslant k_r f_{m,d} \tag{6.41}$$

式中：k_r——考虑了在生产过程中由于层板弯曲导致的强度降低。

注：在弧形梁和双坡拱梁中，顶点区一直延伸至梁的弧形部分。

(4)顶点弯曲应力宜按下式计算：

$$\sigma_{m,d} = k_l \frac{6M_{ap,d}}{bh_{ap}^2} \tag{6.42}$$

且

$$k_l = k_1 + k_2\left(\frac{h_{ap}}{r}\right) + k_3\left(\frac{h_{ap}}{r}\right)^2 + k_4\left(\frac{h_{ap}}{r}\right)^3 \tag{6.43}$$

$$k_1 = 1 + 1.4\tan\alpha_{ap} + 5.4\tan^2\alpha_{ap} \tag{6.44}$$

$$k_2 = 0.35 - 8\tan\alpha_{ap} \tag{6.45}$$

$$k_3 = 0.6 + 8.3\tan\alpha_{ap} - 7.8\tan^2\alpha_{ap} \tag{6.46}$$

$$k_4 = 6\tan^2\alpha_{ap} \tag{6.47}$$

$$r = r_{in} + 0.5h_{ap} \tag{6.48}$$

式中：$M_{ap,d}$——顶点弯矩设计值；

h_{ap}——顶点梁的高度，见图 6.9；

b——梁的宽度；

r_{in}——内径，见图 6.9；

α_{ap}——梁顶点区中心处坡角，见图 6.9。

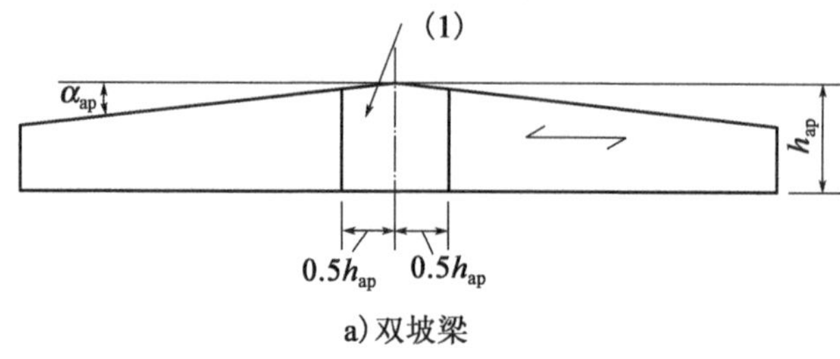

a) 双坡梁

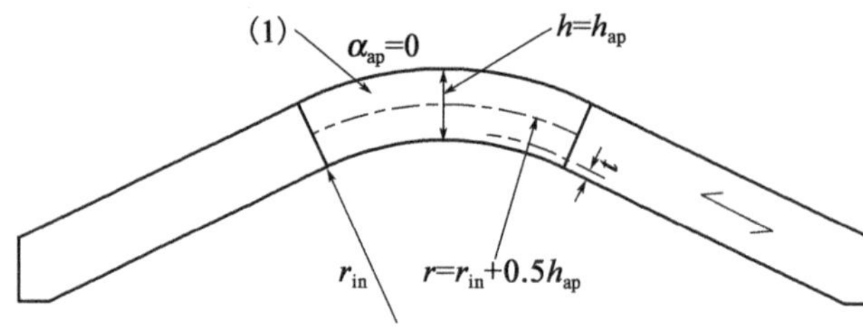

b) 弧形梁

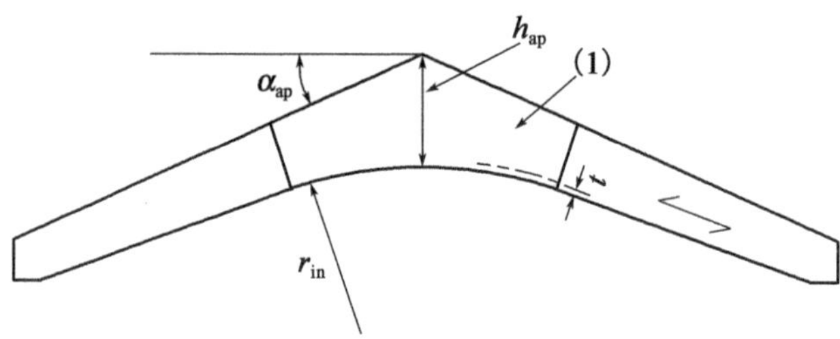

c) 双坡拱梁，木纹均与梁下边缘平行

图注：

(1) 顶点区

注：在弧形梁和双坡拱梁中，顶点区延伸至梁的弧形部分。

图 6.9

(5) 对双坡梁，$k_r = 1.0$。对弧形梁和双坡拱梁，k_r 应按下式计算：

$$k_r = \begin{cases} 1 & \dfrac{r_{in}}{t} \geqslant 240 \\ 0.76 + 0.001\dfrac{r_{in}}{t} & \dfrac{r_{in}}{t} < 240 \end{cases} \tag{6.49}$$

式中：r_{in}——内径，见图 6.9；

t——层板厚度。

(6) 在顶点区，横纹最大拉应力 $\sigma_{t,90,d}$ 应满足下式的要求：

$$\sigma_{t,90,d} \leqslant k_{dis} k_{vol} f_{t,90,d} \tag{6.50}$$

和

$$k_{vol}=\begin{cases}1.0 & \text{实木}\\ \left(\dfrac{V_0}{V}\right)^{0.2} & \text{层板胶合木和全部单板平行于梁轴线的旋切板胶合木}\end{cases}\tag{6.51}$$

$$k_{dis}=\begin{cases}1.4 & \text{双坡梁和弧形梁}\\ 1.7 & \text{双坡拱梁}\end{cases}\tag{6.52}$$

式中：k_{dis}——考虑顶点区应力分布影响的系数；

k_{vol}——体积系数；

$f_{t,90,d}$——横纹抗拉强度设计值；

V_0——参考体积为 0.01m^3；

V——顶点区受应力作用的体积(单位 m^3，见图6.9)，不宜大于 $2V_b/3$，V_b 是梁的总体积。

[A1](7)当横纹拉力和剪力组合时，宜满足下式的要求：[A1]

$$\frac{\tau_d}{f_{v,d}}+\frac{\sigma_{t,90,d}}{k_{dis}k_{vol}f_{t,90,d}}\leqslant 1\tag{6.53}$$

式中：τ_d——剪应力设计值；

$f_{v,d}$——抗剪强度设计值；

$\sigma_{t,90,d}$——横纹拉应力设计值；

k_{dis}、k_{vol}——见(6)。

(8)由弯矩引起的横纹最大拉应力宜按下式计算：

$$\sigma_{t,90,d}=k_p\frac{6M_{ap,d}}{bh_{ap}^2}\tag{6.54}$$

或者，也可用下列公式替代公式(6.54)的：

$$\sigma_{t,90,d}=k_p\frac{6M_{ap,d}}{bh_{ap}^2}-0.6\frac{p_d}{b}\tag{6.55}$$

式中：p_d——作用在梁上顶点区的均布荷载；

b——梁的宽度；

$M_{ap,d}$——平行于内弯边的拉应力引起的顶点弯矩设计值；

且

$$k_p=k_5+k_6\left(\frac{h_{ap}}{r}\right)+k_7\left(\frac{h_{ap}}{r}\right)^2\tag{6.56}$$

$$k_5=0.2\tan\alpha_{ap}\tag{6.57}$$

$$k_6 = 0.25 - 1.5\tan\alpha_{ap} + 2.6\tan^2\alpha_{ap} \tag{6.58}$$

$$k_7 = 2.1\tan\alpha_{ap} - 4\tan^2\alpha_{ap} \tag{6.59}$$

注:推荐公式为(6.54)。各国对公式(6.54)和公式(6.55)的选取参见其国家附件有关内容。

6.5 切口构件

6.5.1 一般规定

(1)P 在进行构件强度验算时,应考虑切口处应力集中的影响。

(2)在下列情况下,可忽略应力集中的影响:

—顺纹受拉或受压;

—当坡度不超过 1:i = 1:10 时,即 $i \geqslant 10$ 时,在切口处拉应力的弯曲见图 6.10a);

—在切口处压应力引起的弯曲见图 6.10b)。

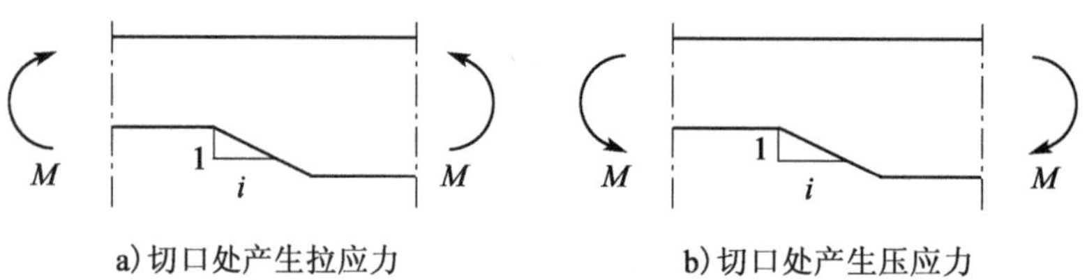

图 6.10 切口处弯曲

6.5.2 支座处切口梁

(1)对于具有矩形截面且木纹方向与构件的长度方向基本平行的梁,应采用有效(折减)高度 h_{ef}(见图 6.11)计算支座切口处的剪应力。

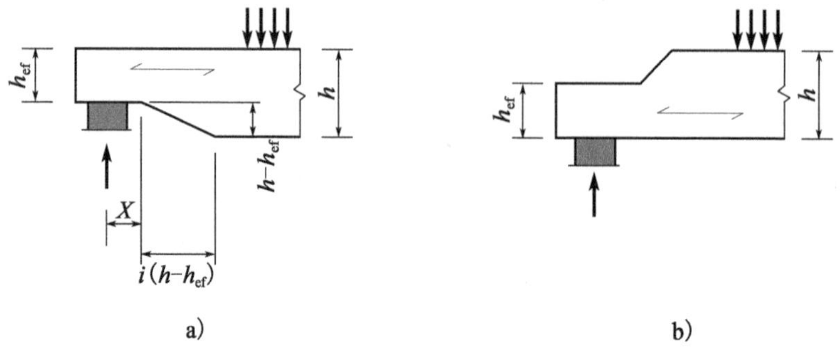

图 6.11 末端切口梁

(2)宜按下式验算：

$$\text{A}_2\rangle \tau_d = \frac{1.5V_d}{b_{ef}h_{ef}} \leqslant k_v f_{v,d} \quad (6.60) \langle\text{A}_2$$

其中，k_v是折减系数，定义如下：

—对于支座处切口朝上的梁（见图6.11b）：

$$k_v = 1.0 \quad (6.61)$$

—对于支座处切口朝下的梁（见图6.11a）：

$$k_v = \min\begin{cases} 1 \\ \dfrac{k_n\left(1 + \dfrac{1.1i^{1.5}}{\sqrt{h}}\right)}{\sqrt{h}\left(\sqrt{\alpha(1-\alpha)} + 0.8\dfrac{x}{h}\sqrt{\dfrac{1}{\alpha} - \alpha^2}\right)} \end{cases} \quad (6.62)$$

式中：i——切口倾角（见图6.11a）；

h——梁的高度（mm）；

x——切口转角和支座反力作用线之间的距离（mm）；

$\alpha = \dfrac{ef^h}{h}$；

$$k_n = \begin{cases} 4.5 & \text{旋切板胶合木} \\ 5 & \text{实木} \\ 6.5 & \text{层板胶合木} \end{cases} \quad (6.63)$$

6.6 体系强度

(1)当若干等间距排列的相似构件、部件或组件通过一个连续的荷载分布体系侧向连接时，构件强度性能可乘以体系强度系数 k_{sys}。

(2)如果连续的荷载分布体系能将荷载从一个构件传递到相邻构件时，则系数 k_{sys}应取1.1。

(3)在假定荷载为短期荷载的情况下，宜进行荷载分布体系的强度验算。

注：对于最大中心距为1.2m的屋盖桁架，可假定平铺板条、檩条或板能把荷载传递到相邻桁架上，前提是这些有荷载分布的构件在至少两跨上连续，且所有接头都交错排列。

(4)对于层积木面板或楼板，应使用图6.12中给出的 k_{sys}值。

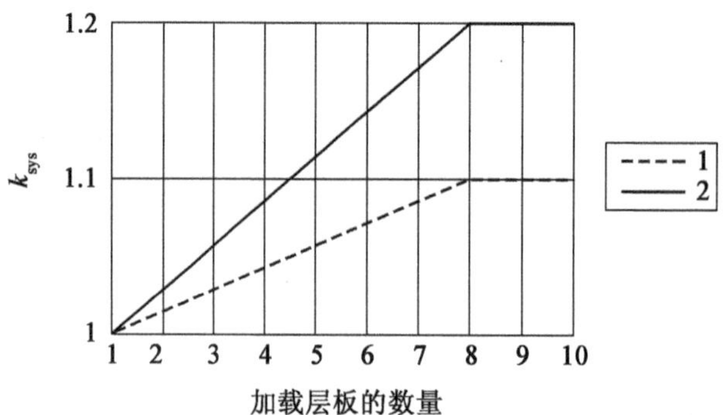

图例：
1-钉或螺钉连接的层板
2-预应力或胶合的层板

图 6.12 实木层积面板或层板胶合构件的体系强度系数 k_{sys}

7 正常使用极限状态

7.1 节点滑移

(1)对于销连接节点,在使用荷载作用下单个紧固件每个剪面的滑移模量 K_{ser} 宜从表7.1中取值,其中 ρ_m 的单位为 kg/m³,d 和 d_c 单位为 mm。d_c 的定义见 EN 13271。

注:在 EN 26891 中,使用符号 k_s 而不是 K_{ser}。

表 7.1 木-木连接和木基板材-木连接中紧固件和连接件的 K_{ser} 值(N/mm)

紧固件类型	K_{ser}
销钉 有或无间隙的螺栓[a] 螺钉 (预钻孔)钉	$\rho_m^{1.5} d/23$
(不预钻孔)钉	$\rho_m^{1.5} d^{0.8}/30$
扒钉	$\rho_m^{1.5} d^{0.8}/80$
符合 EN912 规定的 A 型裂环连接件 符合 EN912 规定的 B 型剪板连接件	$\rho_m d_c/2$
齿盘连接件: —符合 EN912 标准规定的 C1 型至 C9 型连接件 —符合 EN912 标准规定的 C10 型和 C11 型连接件	 $1.5\rho_m d_c/4$ $\rho_m d_c/2$
[a] 间隙宜单加到变形上	

(2)如果两个相连的木基构件的平均密度 $\rho_{m,1}$ 和 $\rho_{m,2}$ 不同,则上述的 ρ_m 应取:

$$\rho_m = \sqrt{\rho_{m,1}\rho_{m,2}} \tag{7.1}$$

(3)对于钢-木和混凝土-木连接,K_{ser} 的计算应基于木构件的密度 ρ_m,并且 K_{ser} 可乘以2.0。

7.2 梁的挠度限值

(1)作用组合[见 2.2.3(5)]产生的挠度分量如图 7.1 所示,其符号定义如下,见 2.2.3:

—w_c 是预拱度(如适用);

—w_{inst}是瞬时挠度;

—w_{creep}是蠕变挠度;

—w_{fin}是最终挠度;

—$w_{net,fin}$是净最终挠度。

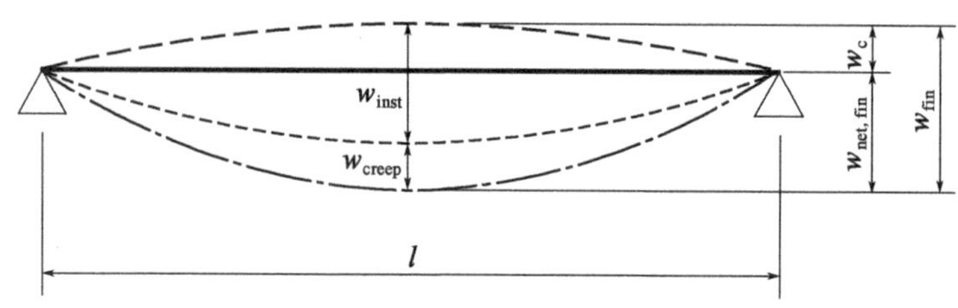

图 7.1 挠度分量

(2)支座间直线以下的净挠度 $w_{net,fin}$应按下式计算:

$$w_{net,fin} = w_{inst} + w_{creep} - w_c = w_{fin} - w_c \tag{7.2}$$

注:根据可接受的变形程度,表 7.2 中给出了跨度 l 的梁的挠度限值的推荐范围。各国选取的数值可见其国家附件的有关内容。

表 7.2 梁的挠度限值示例

梁的类型	瞬时挠度	$w_{net,fin}$	w_{fin}
两端支撑的梁	l/300 ~ l/500	l/250 ~ l/350	l/150 ~ l/300
悬臂梁	l/150 ~ l/250	l/125 ~ l/175	l/75 ~ l/150

7.3 振动

7.3.1 一般规定

(1)P 应确保合理地按预期施加在构件、部件或结构上的作用不会引起可能损害结构功能的振动,或不会引起使用者严重不适。

(2)宜考虑构件、部件或结构的预期刚度和模态阻尼比通过测量或计算来评估振动水平。

(3)对于楼盖,除非证明其他值更加适合,否则应假定模态阻尼比 $\zeta=0.01$(也就是1%)。

7.3.2 机械振动

(1)P 对于预期出现的永久荷载和可变荷载的不利组合,应限制转动机械和其他操作设备引起的振动。

(2)对于楼盖,可接受的连续振动水平应取自 ISO 2631-2 标准附录 A 的图 5a,并乘以系数 1.0。

7.3.3 住宅楼盖

(1)对基频不大于 8Hz($f_1 \leq 8$Hz)的住宅楼盖,应进行专门研究。

(2)对基频大于 8Hz($f_1 > 8$Hz)的住宅楼盖,应满足下列要求:

$$\frac{w}{F} \leq a \quad \mathrm{mm/kN} \tag{7.3}$$

和

$$v \leq b^{(f_1\zeta-1)} \quad \mathrm{m/(Ns^2)} \tag{7.4}$$

式中:w——考虑荷载分布,由施加在楼盖任意点上的竖向集中静力 F 引起的最大瞬时竖向挠度;

v——单位脉冲速度响应,即在响应最大的楼盖点施加理想单位脉冲(1Ns)引起楼盖竖向振动速度的最大初始值(m/s),超过 40Hz 的部件可忽略;

ζ——模态阻尼比。

注:a 和 b 限值推荐的范围以及 a 和 b 之间推荐的关系如图 7.2 所示。各国选取的数值可见其国家附件的有关内容。

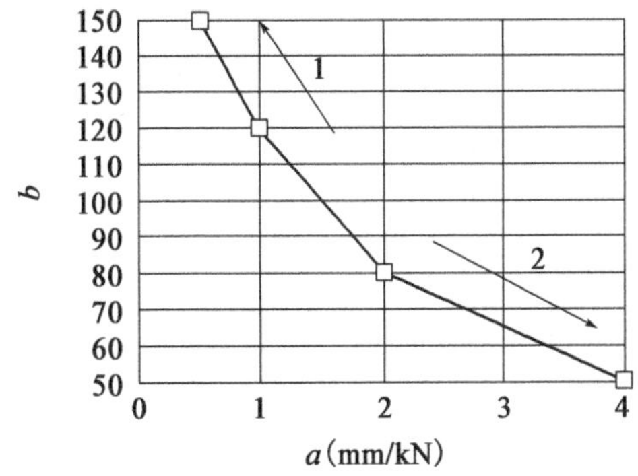

图注:
1-较好性能
2-较差性能

图 7.2 a 和 b 的推荐范围及关系

(3)7.3.3(2)中的计算宜在假定楼盖不承载的情况下进行,即质量只与楼盖自重和其他永久作用相关。

(4)对于总尺寸为 $l \times b$,沿四边简支,且木梁跨度为 l 的矩形楼盖,可按下式近似计算基频 f_1:

$$f_1 = \frac{\pi}{2l^2}\sqrt{\frac{(EI)_l}{m}} \tag{7.5}$$

式中:m——单位面积的质量(kg/m^2);

l——楼盖跨度(m);

$(EI)_l$——绕垂直于木梁的轴的楼盖等效板抗弯刚度(Nm^2/m)。

(5)总尺寸为 $b \times l$,沿四边简支的矩形楼盖,v 值可按下式近似计算:

$$v = \frac{4(0.4 + 0.6n_{40})}{mbl + 200} \tag{7.6}$$

式中:v——单位脉冲速度响应[$m/(Ns^2)$];

n_{40}——固有频率达 40Hz 的一阶模态数;

b——楼盖宽度(m);

m——质量(kg/m^2);

l——楼盖跨度(m)。

n_{40}的值可按下式计算:

$$n_{40} = \left\{\left[\left(\frac{40}{f_1}\right)^2 - 1\right]\left(\frac{b}{l}\right)^4 \frac{(EI)_l}{(EI)_b}\right\}^{0.25} \tag{7.7}$$

其中,$(EI)_b$ 是绕平行于木梁的轴的楼盖等效板抗弯刚度(Nm^2/m),且 $(EI)_b < (EI)_l$。

8 金属紧固件连接

8.1 一般规定

8.1.1 紧固件要求

(1)P 除非本章有规定,否则承载力标准值和连接的刚度应根据 EN 1075、EN 1380、EN 1381、EN 26891 和 EN 28970 通过试验确定。如果有关标准描述了拉伸和压缩试验,则承载力标准值应通过拉伸试验确定。

8.1.2 多个紧固件连接

(1)P 应选择连接中紧固件的布置和尺寸以及紧固件的间距、边距和端距,以获得预期的强度和刚度。

(2)P 应考虑由相同类型和尺寸的紧固件组成的多个紧固件连接的承载力可能低于单个紧固件的单独承载力之和。

(3)当连接由不同类型的紧固件组成时,或当多个剪面连接的各个剪面的连接刚度不同时,宜验证其协调性。

(4)对于顺纹布置的一行紧固件,其有效承载力标准值 $F_{v,ef,Rk}$ 宜按下式计算:

$$F_{v,ef,Rk} = n_{ef} F_{v,Rk} \quad (8.1)$$

式中:$F_{v,ef,Rk}$——顺纹布置的一行紧固件的有效承载力标准值;

n_{ef}——顺纹成一直线布置的紧固件有效数量;

$F_{v,Rk}$——单个紧固件顺纹承载力标准值。

注 1:顺纹布置的一行紧固件的 n_{ef} 值见 8.3.1.1(8)和 8.5.1.1(4)。

(5)当力的作用方向与(紧固件)行的方向呈夹角时,宜验算平行于(紧固件)行方向的力,其分量不超过按式(8.1)计算的承载力。

8.1.3 多个剪面连接

(1)在多个剪面连接中,宜通过假定每个剪面是一系列由三个构件连接的一部分来确定每个剪面的承载力。

[A1](2)为了能将在多个剪面的连接中的单个剪面的承载力组合,各剪面紧固件的控制破坏模式应彼此一致,且不应由图 8.2 中的 a、b、g 和 h 或图 8.3 中的 c、f 和 j/l 等破坏模式与其他破坏模式组合而成。[A1]

8.1.4 连接斜纹受力

(1)P 当作用在连接上的力与木纹呈夹角时(见图 8.1),应考虑由横纹拉力分量 $F_{Ed}\sin\alpha$ 导致劈裂的可能性。

(2)P 为了考虑由横纹拉力分量 $F_{Ed}\sin\alpha$ 导致劈裂的可能性,应满足以下的要求:

$$F_{v,Ed} \leqslant F_{90,Rd} \tag{8.2}$$

且

$$F_{v,Ed} = \max\begin{cases} F_{v,Ed,1} \\ F_{v,Ed,2} \end{cases} \tag{8.3}$$

式中: $F_{90,Rd}$——抗劈裂承载力设计值,按照 2.4.3 由劈裂承载力标准值 $F_{90,Rk}$ 计算得到;

$F_{v,Ed,1}$、$F_{v,Ed,2}$——连接两侧的剪力设计值,见图 8.1。

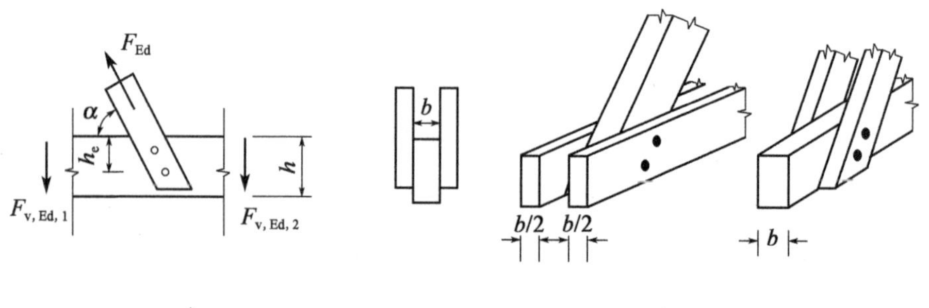

图 8.1 通过连接传递的斜向力

(3)对于软木,当连接的布置如图 8.1 所示时,其劈裂承载力标准值宜按下式计算:

$$F_{90,Rk} = 14bw\sqrt{\frac{h_e}{\left(1-\frac{h_e}{h}\right)}} \tag{8.4}$$

式中:

$$w = \begin{cases} \max\begin{cases} \left(\frac{w_{pl}}{100}\right)^{0.35} & \text{齿板紧固件} \\ 1 \end{cases} \\ 1 & \text{所有其他紧固件} \end{cases} \tag{8.5}$$

$F_{90,Rk}$——抗劈裂承载力标准值(N);

w——修正系数;

h_e——受力边到最远处紧固件中心或到齿板紧固件边缘的距离(mm);

h——木构件的高度(mm);

b——构件的厚度(mm);

w_{pl}——顺纹布置的齿板紧固件的宽度(mm)。

8.1.5 连接受交变力

(1)P 当连接承受由长期或中期作用引起的交变内力时,应降低连接的承载力标准值。

(2)宜通过设计针对($F_{t,Ed}+0.5F_{c,Ed}$) 和 ($F_{c,Ed}+0.5F_{t,Ed}$)的连接,以考虑在拉力设计值 $F_{t,Ed}$与压力设计值 $F_{c,Ed}$间长期或中期作用交替对连接强度的影响。

8.2 销轴类金属紧固件的侧向承载力

8.2.1 一般规定

(1)P 用于确定销轴类金属紧固件连接的承载力标准值时,应考虑紧固件屈服强度、销槽承压强度和紧固件抗拔强度的贡献。

8.2.2 木-木连接和板材-木连接

(1)对于钉、扒钉、螺栓、销钉和螺钉的单个紧固件每个剪面的承载力标准值宜取下式求出的最小值:

—对于单剪紧固件:

$$F_{v,Rk}=\min\begin{cases} f_{h,1,k}t_1d & \text{(a)}\\ f_{h,2,k}t_2d & \text{(b)}\\ \dfrac{f_{h,1,k}t_1d}{1+\beta}\left\{\sqrt{\beta+2\beta^2\left[1+\dfrac{t_2}{t_1}+\left(\dfrac{t_2}{t_1}\right)^2\right]+\beta^3\left(\dfrac{t_2}{t_1}\right)^2}-\beta\left(1+\dfrac{t_2}{t_1}\right)\right\}+\dfrac{F_{ax,Rk}}{4} & \text{(c)}\\ 1.05\dfrac{f_{h,1,k}t_1d}{2+\beta}\left[\sqrt{2\beta(1+\beta)+\dfrac{4\beta(2+\beta)M_{y,Rk}}{f_{h,1,k}dt_1^2}}-\beta\right]+\dfrac{F_{ax,Rk}}{4} & \text{(d)}\\ 1.05\dfrac{f_{h,1,k}t_2d}{1+2\beta}\left[\sqrt{2\beta^2(1+\beta)+\dfrac{4\beta(1+2\beta)M_{y,Rk}}{f_{h,1,k}dt_2^2}}-\beta\right]+\dfrac{F_{ax,Rk}}{4} & \text{(e)}\\ 1.15\sqrt{\dfrac{2\beta}{1+\beta}}\sqrt{2M_{y,Rk}f_{h,1,k}d}+\dfrac{F_{ax,Rk}}{4} & \text{(f)} \end{cases}\tag{8.6}$$

—对于双剪紧固件：

$$F_{v,Rk} = \min\begin{cases} f_{h,1,k}t_1 d & \text{(g)} \\ 0.5 f_{h,2,k}t_2 d & \text{(h)} \\ 1.05\dfrac{f_{h,1,k}t_1 d}{2+\beta}\left[\sqrt{2\beta(1+\beta)+\dfrac{4\beta(2+\beta)M_{y,Rk}}{f_{h,1,k}dt_1^2}}-\beta\right]+\dfrac{F_{ax,Rk}}{4} & \text{(j)} \\ 1.15\sqrt{\dfrac{2\beta}{1+\beta}}\sqrt{2M_{y,Rk}f_{h,1,k}d}+\dfrac{F_{ax,Rk}}{4} & \text{(k)} \end{cases} \quad (8.7)$$

且

$$\beta = \frac{f_{h,2,k}}{f_{h,1,k}} \quad (8.8)$$

式中：$F_{v,Rk}$——单个紧固件每个剪面的承载力标准值；

t_i——木材或木板的厚度或贯穿深度，i 为 1 或 2，见 8.3～8.7；

$f_{h,i,k}$——第 i 个木构件的销槽承压强度标准值；

d——紧固件的直径；

$M_{y,Rk}$——紧固件的屈服弯矩标准值；

β——构件销槽承压强度间的比值；

$F_{ax,Rk}$——紧固件轴向抗拔承载力标准值，见(2)。

注：采用相对细长的紧固件能确保节点的塑性。在这种情况下，破坏模式 f 和 k 起控制作用。

(2)在公式(8.6)和公式(8.7)中，右侧第一项为约翰森(Johansen)屈服理论中的承载力，而第二项 $F_{ax,Rk}/4$ 为绳索效应的贡献。绳索效应引起的承载力的贡献应限定在 Johansen 承载力的下列百分比内：

—圆钉　15%

—方钉和槽钉　25%

—其他钉　50%

—螺钉　100%

—螺栓　25%

—销钉　0%

如果 $F_{ax,Rk}$ 未知，则绳索效应的贡献应取为 0。

对于单剪紧固件，抗拔承载力标准值 $F_{ax,Rk}$ 取(被连接处)两构件承载力的较小值。不同的破坏模式如图 8.2 所示。对于螺栓的抗拔承载力 $F_{ax,Rk}$，可考虑垫圈提供的抗力，见 8.5.2(2)。

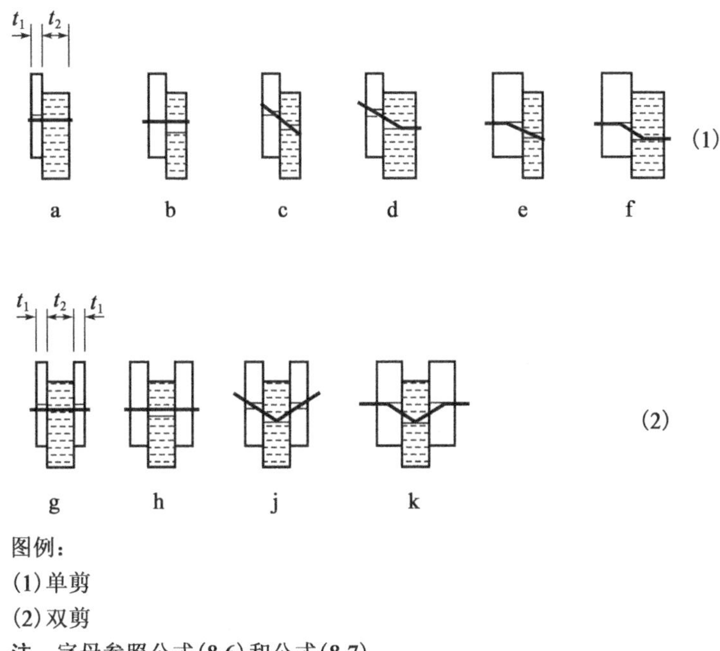

图例:
(1)单剪
(2)双剪
注:字母参照公式(8.6)和公式(8.7)。

图 8.2　木材和木板连接的破坏模式

(3)如果下面没有给出设计规定,则应按 EN 383 和 EN 14358 确定销槽承压强度标准值 $f_{h,k}$。

(4)如果下面没有给出设计规定,则应按 EN 409 和 EN 14358 确定屈服弯矩标准值 $M_{y,Rk}$。

8.2.3　钢-木连接

(1)钢-木连接的承载力标准值取决于钢板的厚度。厚度小于或等于 $0.5d$ 的钢板为薄板,厚度等于或大于 d 且孔径公差小于 $0.1d$ 的钢板为厚板。当钢板厚度介于薄钢板和厚钢板之间时,连接的承载力标准值宜在薄钢板和厚钢板的值间通过线性内插计算。

(2)应验算钢板的强度。

(3)对于钉、螺栓、销钉和螺钉,单个紧固件每个剪面的承载力标准值宜取下式求出的最小值:

—对于单剪薄钢板:

$$F_{v,Rk} = \min\begin{cases} 0.4 f_{h,k} t_1 d & \text{(a)} \\ 1.15\sqrt{2M_{y,Rk} f_{h,k} d} + \dfrac{F_{ax,Rk}}{4} & \text{(b)} \end{cases} \qquad (8.9)$$

—对于单剪厚钢板:

A1〉

$$F_{v,Rk} = \min \begin{cases} f_{h,k} t_1 d & \text{(c)} \\ f_{h,k} t_1 d \left[\sqrt{2 + \frac{4M_{y,Rk}}{f_{h,k} d t_1^2}} - 1 \right] + \frac{F_{ax,Rk}}{4} & \text{(d)} \\ 2.3\sqrt{M_{y,Rk} f_{h,k} d} + \frac{F_{ax,Rk}}{4} & \text{(e)} \end{cases} \quad (8.10)$$

〈A1

—对于任意厚度的钢板作为双剪连接的中心构件:

$$F_{v,Rk} = \min \begin{cases} f_{h,1,k} t_1 d & \text{(f)} \\ f_{h,1,k} t_1 d \left[\sqrt{2 + \frac{4M_{y,Rk}}{f_{h,1,k} d t_1^2}} - 1 \right] + \frac{F_{ax,Rk}}{4} & \text{(g)} \\ 2.3\sqrt{M_{y,Rk} f_{h,1,k} d} + \frac{F_{ax,Rk}}{4} & \text{(h)} \end{cases} \quad (8.11)$$

—对于薄钢板作为双剪连接的外侧构件:

$$F_{v,Rk} = \min \begin{cases} 0.5 f_{h,2,k} t_2 d & \text{(j)} \\ 1.15\sqrt{2M_{y,Rk} f_{h,2,k} d} + \frac{F_{ax,Rk}}{4} & \text{(k)} \end{cases} \quad (8.12)$$

—对于厚钢板作为双剪连接外侧构件:

$$F_{v,Rk} = \min \begin{cases} 0.5 f_{h,2,k} t_2 d & \text{(l)} \\ 2.3\sqrt{2M_{y,Rk} f_{h,2,k} d} + \frac{F_{ax,Rk}}{4} & \text{(m)} \end{cases} \quad (8.13)$$

式中:$F_{v,Rk}$——单个紧固件每个剪面的承载力标准值;

$f_{h,k}$——木构件的销槽承压强度标准值;

t_1——木材侧构件的厚度和紧固件贯穿深度之间的较小值;

t_2——木材中心构件的厚度;

d——紧固件的直径;

$M_{y,Rk}$——紧固件的屈服弯矩标准值;

$F_{ax,Rk}$——紧固件的抗拔承载力标准值。

注 1:不同的破坏模式如图 8.3 所示。

(4)对于绳索效应 $F_{ax,Rk}$ 的限制,8.2.2(2)适用。

(5)P 应考虑,带有受力端的钢-木连接的承载力可能会因沿群紧固件周边的破坏而降低。

注:确定紧固件组强度的方法见附录 A(资料性)。

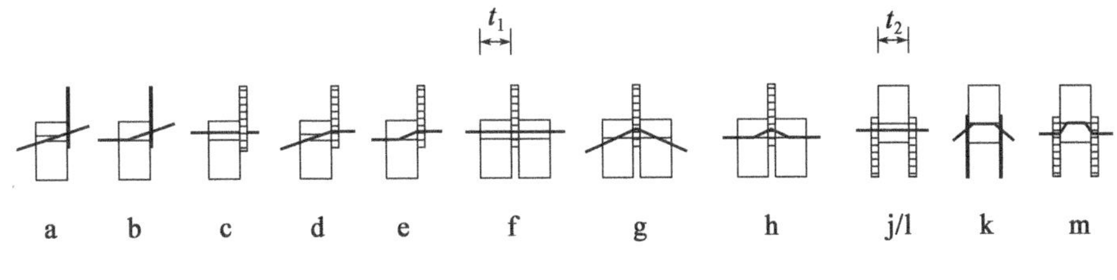

图 8.3 钢-木连接的破坏模式

8.3 钉连接

8.3.1 侧向受荷的钉

8.3.1.1 一般规定

(1)对于单剪和双剪连接的厚度,(见图 8.4)符号定义如下:

t_1 是:

单剪连接中钉帽一侧(构件)的厚度;

双剪连接中钉帽一侧木构件的厚度和(另一侧木构件中)钉尖一侧贯入深度二者中的最小值;

t_2 是:

单剪连接中钉尖一侧贯入深度;

双剪连接中,中心构件的厚度。

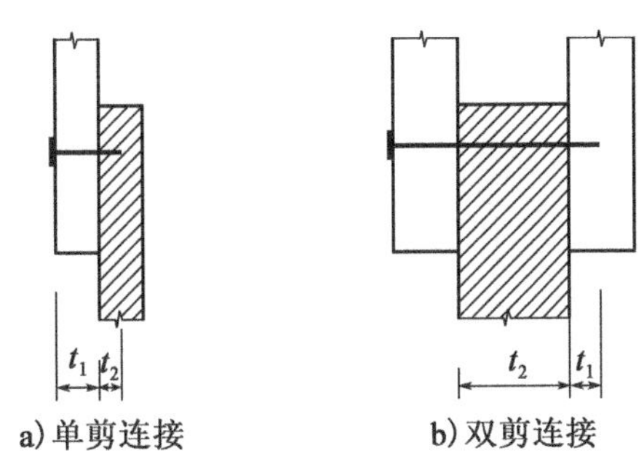

图 8.4 t_1 和 t_2 的定义

A1⟩(2)有以下情况时,木材宜预钻孔:

—木材密度标准值大于 500kg/m^3;

—钉的直径 d 超过 6mm。⟨A1

(3)对于方钉、槽钉,钉的直径 d 宜取边长。

(4)对于最小抗拉强度为600N/mm^{2}的钢丝制成的光滑钉,其屈服弯矩标准值应按下式计算:

$$M_{y,Rk}=\begin{cases}0.3f_u d^{2.6} & \text{圆钉}\\ 0.45f_u d^{2.6} & \text{方钉和槽钉}\end{cases} \tag{8.14}$$

式中:$M_{y,Rk}$——屈服弯矩标准值(Nmm);

d——EN 14592 中定义的钉的直径(mm)。

f_u——钢丝的抗拉强度(N/mm^2)。

(5)对于直径不超过8mm的钉,在木材和旋切板胶合木中的销槽承压强度标准值由下式计算:

—不预钻孔

$$f_{h,k}=0.082\rho_k d^{-0.3}\quad \text{N/mm}^2 \tag{8.15}$$

—预钻孔

$$f_{h,k}=0.082(1-0.01d)\rho_k\quad \text{N/mm}^2 \tag{8.16}$$

式中:ρ_k——木材的密度标准值(kg/m^3);

d——钉的直径(mm)。

(6)对于直径大于8mm的钉,8.5.1中螺栓的销槽承压强度标准值适用。

(7)在三个构件的连接中,钉可能在中心构件中重叠,前提是$(t-t_2)$大于$4d$(见图8.5)。

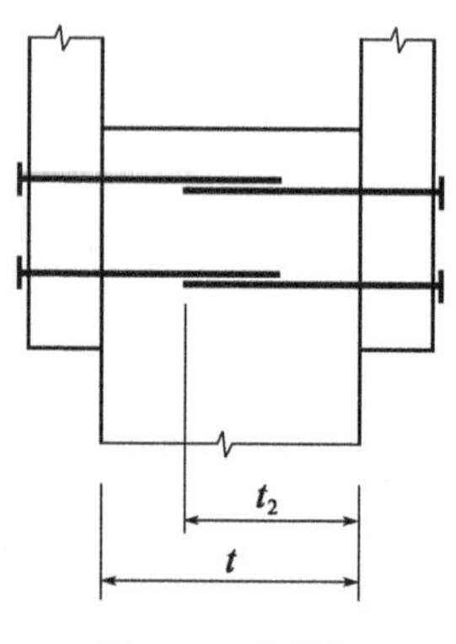

图8.5　重叠钉

(8)对于顺纹布置的一行n个钉,除非该行钉横纹交错至少$1d$(见图8.6),否则宜采用紧固件的有效个数n_{ef}计算顺纹承载力[见8.1.2(4)],其中:

$$n_{ef}=n^{k_{ef}} \tag{8.17}$$

式中:n_{ef}——一行钉的有效数量;

n——一行钉的数量;

k_{ef}——按表8.1取值。

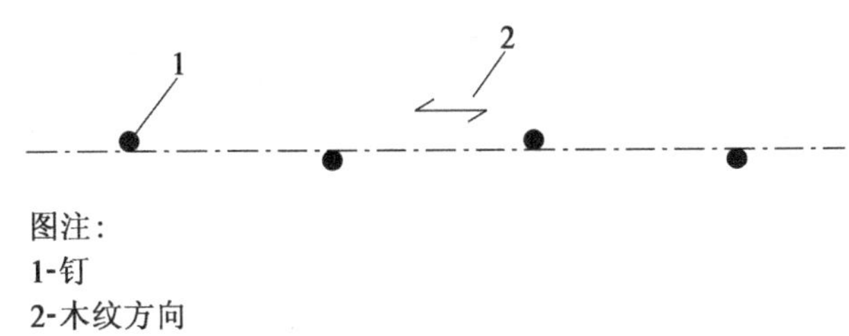

图注：
1-钉
2-木纹方向

图 8.6 一行钉顺纹布置，横纹交错 d

表 8.1 k_{ef} 的 值

间 距[a]	k_{ef}	
	不预钻孔	预钻孔
$a_1 \geq 14d$	1.0	1.0
$a_1 = 10d$	0.85	0.85
$a_1 = 7d$	0.7	0.7
$a_1 = 4d$	—	0.5

[a] 对于中间间距，允许对 k_{ef} 进行线性内插

(9)连接中宜至少有两个钉。

(10)钉连接的构造措施和管控的要求见 10.4.2。

8.3.1.2 木-木钉连接

(1)对于光滑钉，钉尖侧的贯入深度应至少为 $8d$。

(2)对于 EN 14592 中定义的除光滑钉以外的钉，钉尖侧的贯入深度应至少为 $6d$。

(3)在木纹端头处的钉宜视为不能传递侧向力。

(4)作为 8.3.1.2(3)的另一选择，木纹端头处的钉适用以下规定：

—在次级结构中，可以使用光滑钉。承载力设计值宜取横纹钉入时承载力的 1/3。

—在次级结构以外的其他结构中，可使用 EN 14592 中定义的除光滑钉以外的钉。承载力设计值宜取等效直径的光滑钉横纹钉入时承载力的 1/3，前提是：

—钉只侧向承载；

—每个连接至少有三个钉；

—钉尖侧的贯入深度至少为 $10d$；

—连接不暴露于服役等级 3 级的条件下；

—满足表 8.2 中规定的间距和边距。

表 8.2　钉的最小间距、边距和端距

间距或距离(见图 8.7)	角度(α)	最小间距或端/边距		
		不预钻孔		预钻孔
		$\rho_k \leqslant 420 kg/m^3$	$420 kg/m^3 < \rho_k \leqslant 500 kg/m^3$	
间距 a_1(顺纹)	$0° \leqslant \alpha \leqslant 360°$	$d<5mm$ 时:$(5+5\|\cos\alpha\|)d$ $d \geqslant 5mm$ 时:$(5+7\|\cos\alpha\|)d$	$(7+8\|\cos\alpha\|)d$	$(4+\|\cos\alpha\|)d$
间距 a_2(横纹)	$0° \leqslant \alpha \leqslant 360°$	$5d$	$7d$	$(3+\|\sin\alpha\|)d$
端距 $a_{3,t}$(受荷端)	$-90° \leqslant \alpha \leqslant 90°$	$(10+5\cos\alpha)d$	$(15+5\cos\alpha)d$	$(7+5\cos\alpha)d$
端距 $a_{3,c}$(非受荷端)	$90° \leqslant \alpha \leqslant 270°$	$10d$	$15d$	$7d$
边距 $a_{4,t}$(受荷边)	$0° \leqslant \alpha \leqslant 180°$	$d<5mm$ 时:$(5+2\sin\alpha)d$ $d \geqslant 5mm$ 时:$(5+5\sin\alpha)d$	$d<5mm$ 时:$(7+2\sin\alpha)d$ $d \geqslant 5mm$ 时:$(7+5\sin\alpha)d$	$d<5mm$ 时:$(3+2\sin\alpha)d$ $d \geqslant 5mm$ 时:$(3+4\sin\alpha)d$
边距 $a_{4,c}$(非受荷边)	$180° \leqslant \alpha \leqslant 360°$	$5d$	$7d$	$3d$

注 1:次级结构的一个例子是钉在椽条上的封檐板。

注 2:推荐的应用规定见 8.3.1.2(3)。各国的规定可见其国家附件有关内容。

(5)最小间距、边距和端距见表 8.2,其中(见图 8.7):

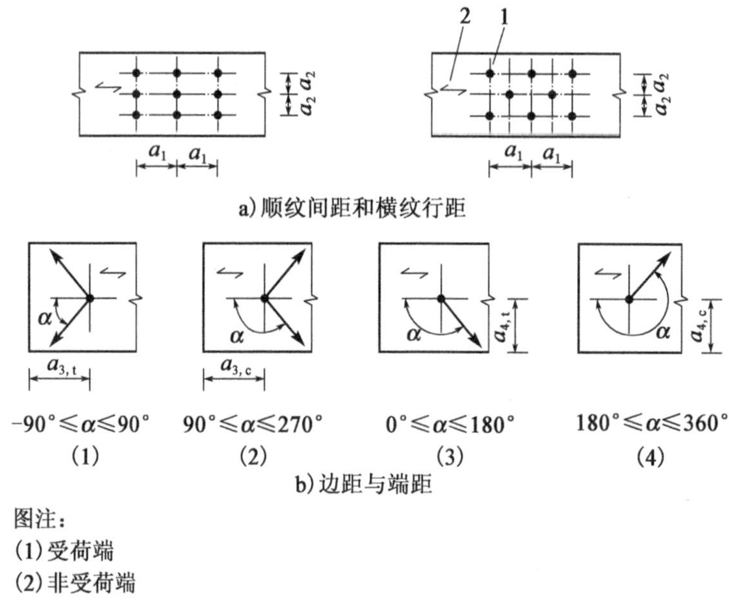

图 8.7　间距、端距和边距

a_1——钉的顺纹间距；

a_2——钉的横纹行距；

$a_{3,c}$——钉与非受荷端之间的距离；

$a_{3,t}$——钉与受荷端之间的距离；

$a_{4,c}$——钉与非受荷边之间的距离；

$a_{4,t}$——钉与受荷边之间的距离；

α——力的方向与木纹方向之间的夹角。

(6)当木构件的厚度小于下式计算的值时，木材宜预钻孔。

$$t = \max\begin{cases} 7d \\ (13d - 30)\dfrac{\rho_k}{400} \end{cases} \tag{8.18}$$

式中：t——避免预钻孔的木构件的最小厚度(mm)；

ρ_k——木材密度标准值(kg/m^3)；

d——钉的直径(mm)。

(7)当木构件的厚度小于下式计算的值时，对由劈裂特别敏感树种加工的木材宜预钻孔。

$$t = \max\begin{cases} 14d \\ (13d - 30)\dfrac{\rho_k}{200} \end{cases} \tag{8.19}$$

公式(8.18)可替换公式(8.19)，当边距满足下述要求时：

$a_4 \geqslant 10d$　　对于 $\rho_k \leqslant 420kg/m^3$

$a_4 \geqslant 14d$　　对于 $420kg/m^3 \leqslant \rho_k \leqslant 500kg/m^3$

注：对劈裂敏感的树种有冷杉(abies alba)、花旗松(pseudotsuga menziesii)和云杉(picea abies)。建议将8.3.1.2(7)用于冷杉(abies alba)和花旗松(pseudotsuga menziesii)。各国的规定可见其国家附件有关内容。

8.3.1.3　板材-木材钉连接

(1)所有板材-木材钉连接中钉最小间距为表8.2中给出的值乘以系数0.85。除非另有说明，钉的端/边距保持不变。

(2)在胶合板构件中的最小边距和端距：对于非受荷边(或非受荷端)，应取$3d$；对于受荷边(或受荷端)，应取$(3 + 4\sin\alpha)d$，其中，α是荷载作用方向与受荷边(或受荷端)之间的夹角。

(3)对于钉头直径至少为 $2d$ 的钉,销槽承压强度标准值按下式计算:

—对于胶合板:

$$f_{h,k} = 0.11\rho_k d^{-0.3} \quad (8.20)$$

式中:$f_{h,k}$——销槽承压强度标准值(N/mm^2);

ρ_k——胶合板密度标准值(kg/m^3);

d——钉的直径(mm)。

—对于符合 EN 622-2 的硬质纤维板:

$$f_{h,k} = 30d^{-0.3}t^{0.6} \quad (8.21)$$

式中:$f_{h,k}$——销槽承压强度标准值(N/mm^2);

d——钉的直径(mm);

t——板厚(mm)。

—对于刨花板和定向刨花板:

$$f_{h,k} = 65d^{-0.7}t^{0.1} \quad (8.22)$$

式中:$f_{h,k}$——销槽承压强度标准值(N/mm^2);

d——钉的直径(mm);

t——板厚(mm)。

8.3.1.4 钢材-木材钉连接

(1)表 8.2 中给出的钉连接最小边距和端距适用。钉最小间距为表 8.2 中给出的值乘以系数 0.7。

8.3.2 轴向受荷钉

[A1〉(1)P 用于抵抗永久或长期轴向载荷的钉应有螺纹。

注:EN14592 对螺纹钉的定义如下:钉柄异形或变形部分长度最小为 4.5d(公称直径的 4.5 倍);在 20℃和 65% 相对湿度条件下,质量恒定的木材的密度标准值为 350kg/m^3 时,拔出强度标准值 $f_{ax,k}$ 不小于 6N/mm^2。〈A1]

(2)对于螺纹钉,宜只考虑螺纹部分能传递轴向荷载。

(3)在木纹端头处的钉宜视为不能传递轴向荷载。

(4)横纹钉入[图 8.8a)]和斜纹钉入[图 8.8b)]时,钉的抗拔强度标准值 $F_{ax,Rk}$ 宜取下列式中的最小值:

—对于 EN 14592 中定义的除光滑钉以外的钉:

$$F_{ax,Rk} = \begin{cases} f_{ax,k} d t_{pen} & \text{(a)} \\ f_{head,k} d_h^2 & \text{(b)} \end{cases} \quad (8.23)$$

—对于光滑钉：

$$F_{ax,Rk} = \begin{cases} f_{ax,k} d t_{pen} & \text{(a)} \\ f_{ax,k} d t + f_{head,k} d_h^2 & \text{(b)} \end{cases} \quad (8.24)$$

式中：$f_{ax,k}$——钉尖侧抗拔强度标准值；

$f_{head,k}$——钉帽穿透强度标准值；

d——符合 8.3.1.1 规定的钉的直径；

[A2) t_{pen}——在钉尖侧的构件中，钉尖的贯入深度或除钉尖外螺纹部分的长度；(A2]

t——钉帽侧构件的厚度；

d_h——钉帽的直径（mm）。

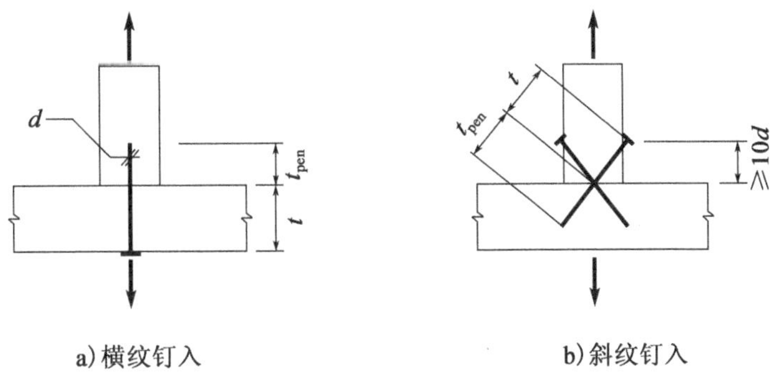

a）横纹钉入　　b）斜纹钉入

图 8.8

（5）除非下文有规定，否则强度标准值$f_{ax,k}$和$f_{head,k}$应根据 EN 1382、EN 1383 和 EN 14358 通过试验确定。

（6）对于钉尖侧贯入深度至少 12d 的光滑钉，抗拔强度和穿透强度标准值宜按下式计算：

$$f_{ax,k} = 20 \times 10^{-6} \rho_k^2 \quad (8.25)$$

$$f_{head,k} = 70 \times 10^{-6} \rho_k^2 \quad (8.26)$$

式中：ρ_k——木材密度标准值（kg/m^3）。

（7）对于光滑钉，钉尖侧贯入深度 t_{pen} 宜至少为 8d。对于钉尖侧贯入深度小于 12d 的钉，抗拔承载力宜乘以（$t_{pen}/4d-2$）。对于螺纹钉，钉尖侧贯入深度宜至少为 6d。对于钉尖侧贯入深度小于 8d 的钉，抗拔承载力宜乘以（$t_{pen}/2d-3$）。

（8）当结构用木材在施工时处于或接近其纤维饱和点且可能在荷载作用下失水时，$f_{ax,k}$和$f_{head,k}$的值宜乘以 2/3。

(9)侧向受荷钉的间距、端距和边距适用于轴向受荷钉。

A1(10)斜纹钉入处至受荷端的距离宜至少为 10d[见图 8.8(b)]。一个连接中宜至少有两个斜纹钉入的钉。A1

8.3.3 轴向与侧向组合受荷的钉

(1)对于承受轴向荷载($F_{ax,Ed}$)和侧向荷载($F_{v,Ed}$)组合的连接,宜满足下式的要求:

—对于光滑钉:

$$\frac{F_{ax,Ed}}{F_{ax,Rd}} + \frac{F_{v,Ed}}{F_{v,Rd}} \leqslant 1 \tag{8.27}$$

—对于 EN 14592 中定义的除光滑钉以外的钉:

$$\left(\frac{F_{ax,Ed}}{F_{ax,Rd}}\right)^2 + \left(\frac{F_{v,Ed}}{F_{v,Rd}}\right)^2 \leqslant 1 \tag{8.28}$$

式中:$F_{ax,Rd}$、$F_{v,Rd}$——分别是承受轴向荷载或侧向荷载的连接的承载力设计值。

8.4 扒钉连接

A1(1)除 8.3.1.1(4)和(6)以及 8.3.1.2(7)外,8.3 中的规定适用于圆形、近似圆形或矩形扒钉,其钉脚呈斜尖肢或对称尖肢。A1

(2)对于具有矩形截面的扒钉,直径 d 宜取扒钉两肢截面尺寸乘积的平方根。

(3)钉冠宽度 b 宜至少为 6d,钉尖侧贯入深度 t_2 宜至少为 14d,见图 8.9。

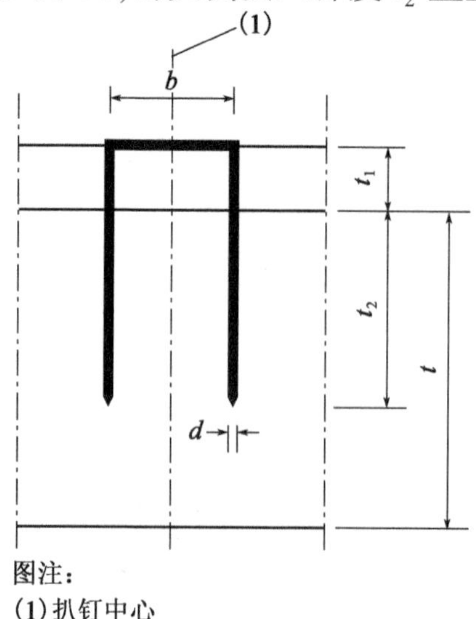

图注:
(1)扒钉中心

图 8.9 扒钉尺寸

(4)连接中宜至少有两个扒钉。

(5)单个扒钉每个剪面的侧向承载力设计值宜视为等同于具有扒钉直径的两个钉的连接的侧向承载力设计值,前提是钉冠与钉冠下木纹的夹角大于30°,见图8.10。如果钉冠与钉冠下木纹的夹角等于或小于30°,则侧向承载力设计值宜乘以系数0.7。

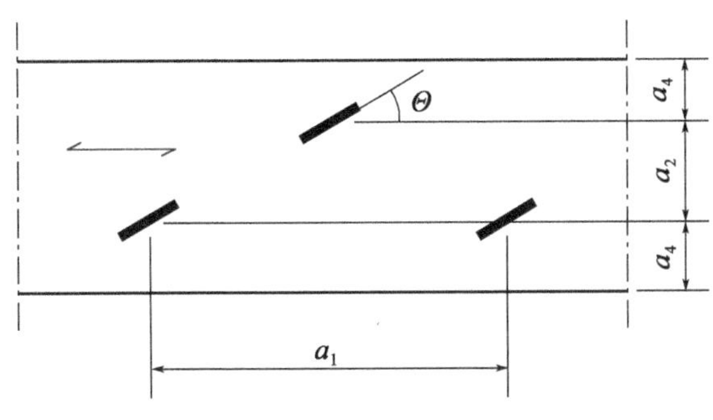

图8.10 扒钉间距的定义

(6)对于由最小抗拉强度为800N/mm² 的钢丝制成的扒钉,其每肢的屈服弯矩标准值宜按下式计算:

$$\boxed{A_2} M_{y,Rk} = 150d^3 \boxed{A_2} \tag{8.29}$$

式中:$M_{y,Rk}$——屈服弯矩标准值(Nmm);

d——钉肢的直径(mm)。

$\boxed{A_2}$(7)对于顺纹布置的一行 n 个扒钉,宜采用紧固件的有效个数 $n_{ef}=n$ 计算其顺纹承载力。$\boxed{A_2}$

(8)扒钉最小间距、边距和端距见表8.3和图8.10,其中θ是钉冠与木纹的夹角。

表8.3 扒钉的最小间距、边距和端距

间距和边/端距(见图8.7)	角　度	最小间距或边/端距
a_1(顺纹) 当 $\theta \geq 30°$时 当 $\theta < 30°$时	$0° \leq \alpha \leq 360°$	 $(10+5\|\cos\alpha\|)d$ $(15+5\|\cos\alpha\|)d$
a_2(横纹)	$0° \leq \alpha \leq 360°$	$15d$
$a_{3,t}$(受荷端)	$-90° \leq \alpha \leq 90°$	$(15+5\|\cos\alpha\|)d$
$a_{3,c}$(非受荷端)	$90° \leq \alpha \leq 270°$	$15d$
$a_{4,t}$(受荷边)	$0° \leq \alpha \leq 180°$	$(15+5\|\sin\alpha\|)d$
$a_{4,c}$(非受荷边)	$180° \leq \alpha \leq 360°$	$10d$

8.5 螺栓连接

8.5.1 侧向受荷的螺栓

8.5.1.1 一般规定和木-木螺栓连接

(1)对螺栓,屈服弯矩标准值宜按下式计算:

$$M_{y,Rk} = 0.3 f_{u,k} d^{2.6} \tag{8.30}$$

式中:$M_{y,Rk}$——屈服弯矩标准值(Nmm);

$f_{u,k}$——抗拉强度标准值(N/mm²);

d——螺栓的直径(mm)。

(2)对于直径不超过30mm的螺栓,在木材和旋切板胶合木中,与木纹呈夹角α时的销槽承压强度标准值宜按下式计算:

$$f_{h,\alpha,k} = \frac{f_{h,0,k}}{k_{90}\sin^2\alpha + \cos^2\alpha} \tag{8.31}$$

$$f_{h,0,k} = 0.082(1 - 0.01d)\rho_k \tag{8.32}$$

式中:

$$k_{90} = \begin{cases} 1.35 + 0.015d & \text{软木} \\ 1.30 + 0.015d & \text{旋切板胶合木} \\ 0.90 + 0.015d & \text{硬木} \end{cases} \tag{8.33}$$

$f_{h,0,k}$——顺纹销槽承压强度标准值(N/mm²);

ρ_k——木材密度标准值(kg/m³);

α——荷载与木纹的夹角;

d——螺栓的直径(mm)。

(3)最小间距、边距和端距宜取自表8.4,符号如图8.7所示。

表8.4 螺栓的间距、边距和端距的最小值

间距和端/边距(见图8.7)	角 度	最小间距或距离
a_1(顺纹)	$0° \leqslant \alpha \leqslant 360°$	$(4 + \|\cos\alpha\|)d$
a_2(横纹)	$0° \leqslant \alpha \leqslant 360°$	$4d$
$a_{3,t}$(受荷端)	$-90° \leqslant \alpha \leqslant 90°$	max(7d;80mm)

表 8.4(续)

间距和端/边距(见图 8.7)	角　度	最小间距或距离
$a_{3,c}$(非受荷端)	$90° \leq \alpha < 150°$	[A1]$(1+6\sin\alpha)d$
	$150° \leq \alpha < 210°$	$4d$
	$210° \leq \alpha \leq 270°$	$(1+6\|\sin\alpha\|)d$ [A1]
$a_{4,t}$(受荷边)	$0° \leq \alpha \leq 180°$	$\max[(2+2\sin\alpha)d;3d]$
$a_{4,c}$(非受荷边)	$180° \leq \alpha \leq 360°$	$3d$

(4)对于顺纹布置的一行 n 个螺栓,宜采用螺栓的有效个数 n_{ef} 计算其顺纹承载力[见 8.1.2(4)],其中:

$$n_{ef} = \min\begin{cases} n \\ n^{0.9}\sqrt[4]{\dfrac{a_1}{13d}} \end{cases} \tag{8.34}$$

式中:a_1——顺纹方向螺栓间的间距;

d——螺栓的直径(mm);

n——一行螺栓的数量。

当荷载沿横纹时,紧固件的有效数量宜取:

$$n_{ef} = n \tag{8.35}$$

当荷载与木纹呈 $0° < \alpha < 90°$ 角时,n_{ef} 可通过公式(8.34)和公式(8.35)间的线性插值确定。

(5)与螺栓直径相关的最小垫圈尺寸和厚度要求见 10.4.3。

8.5.1.2　板材-木螺栓连接

(1)对于胶合板,荷载与表面木纹呈任何角度时,应使用按下式计算的销槽承压强度(单位:N/mm^2)。

$$f_{h,k} = 0.11(1-0.01d)\rho_k \tag{8.36}$$

式中:ρ_k——胶合板密度标准值(kg/m^3);

d——螺栓的直径(mm)。

(2)对于刨花板和定向刨花板,荷载与表面木纹呈任何角度时,应使用按下式计算的销槽承压强度(单位:N/mm^2)。

$$f_{h,k} = 50d^{-0.6}t^{0.2} \tag{8.37}$$

式中：d——螺栓的直径(mm)；

t——板厚(mm)。

8.5.1.3 钢-木螺栓连接

(1)8.2.3 中的规定适用。

8.5.2 轴向受荷的螺栓

(1)螺栓的轴向承载力和抗拔承载力宜取下述较小值：

—螺栓抗拉承载力；

—垫圈或(钢-木连接中)钢板的承载力。

(2)计算垫圈的承载力时宜假定接触面的抗压强度标准值为 $3.0f_{c,90,k}$。

(3)钢板的单个螺栓承载力不宜超过直径为下述较小值的圆形垫圈的承载力：

—$12t$，其中 t 是板的厚度；

—$4d$，其中 d 是螺栓的直径。

8.6 销连接

(1)除 8.5.1.1(3)外，8.5.1 所列规定均适用。

(2)销钉直径宜大于 6mm，小于 30mm。

(3)最小间距、边距和端距取自表 8.5，符号如图 8.7 所示。

A2 表 8.5 销钉的最小间距、边距和端距

间距和边/端距(见图 8.7)	与木纹的夹角	最小间距和边/端距
a_1(顺纹)	$0° \leqslant \alpha \leqslant 360°$	$(3+2\lvert\cos\alpha\rvert)d$
a_2(横纹)	$0° \leqslant \alpha \leqslant 360°$	$3d$
$a_{3,t}$(受荷端)	$-90° \leqslant \alpha \leqslant 90°$	$\max(7d;80mm)$
$a_{3,c}$(非受荷端)	$90° \leqslant \alpha \leqslant 150°$	$a_{3t}\lvert\sin\alpha\rvert$
	$150° \leqslant \alpha \leqslant 210°$	$\max(3.5d;40mm)$
	$210° \leqslant \alpha \leqslant 270°$	$a_{3t}\lvert\sin\alpha\rvert$
$a_{4,t}$(受荷边)	$0° \leqslant \alpha \leqslant 180°$	$\max[(2+2\sin\alpha)d;3d]$
$a_{4,c}$(非受荷边)	$180° \leqslant \alpha \leqslant 360°$	$3d$

A2

(4)销钉孔公差要求见 10.4.4。

8.7 螺钉连接

8.7.1 侧向受荷的螺钉

A2(1)P 在确定螺纹部分的屈服弯矩和销槽承压强度时,采用有效直径 d_{ef}确定承载能力应考虑螺钉螺纹部分的影响,应采用外螺纹直径 d 确定间距、边距和端距以及螺钉有效数量。A2

(2)对于外螺纹直径等于螺杆直径的光螺杆,8.2 中的规定适用,前提是:

—有效直径 d_{ef}取光螺杆直径;

—光螺杆(含螺钉尖端)贯入构件的长度不少于 $4d$。

(3)当(2)中条件不满足时,宜采用螺纹根径的 1.1 倍作为有效直径 d_{ef}计算螺钉的承载力。

A2(4)对于直径 d_{ef} >6mm 的螺钉,8.5.1 的规定适用。

(5)对于直径 d_{ef}≤6mm 的螺钉,8.3.1 的规定适用。A2

(6)螺钉节点的构造措施和管控要求见 10.4.5。

8.7.2 轴向受荷的螺钉

A1(1)P 轴向受荷螺钉的承载力验算,应考虑以下破坏模式:

—螺钉螺纹部分的拔出破坏;

—与钢板结合使用的螺钉钉帽的撕脱破坏,螺钉帽的抗撕脱强度宜大于螺钉的抗拉强度;

—螺钉帽的穿透破坏;

—螺钉拉伸破坏;

—受压时,螺钉的屈曲破坏;

—与钢板一起使用的一组螺钉沿四周破坏(块状剪切或塞状剪切);

(2)轴向受荷螺钉的最小间距、边距和端距(见图 8.11a),宜按表 8.6 取值,前提是木材厚度 t≥12d。

表 8.6 轴向受荷螺钉的最小间距、边距和端距

沿顺纹面最小螺钉间距 a_1	沿横纹面最小螺钉间距 a_2	在构件中螺钉的螺纹部分重心的最小端距 $a_{1,CG}$	在构件中螺钉的螺纹部分重心的最小边距 $a_{2,CG}$
$7d$	$5d$	$10d$	$4d$

A1

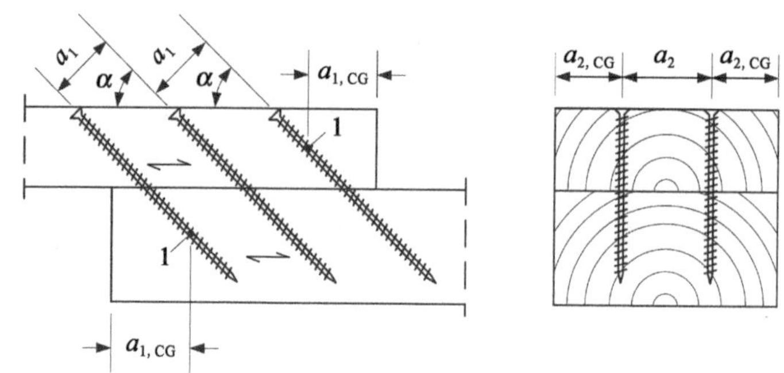

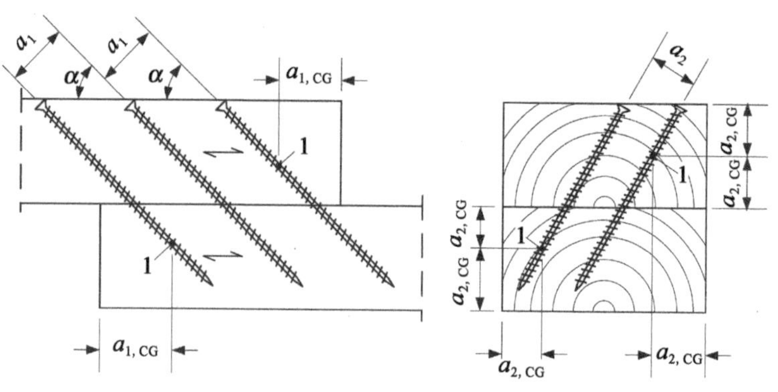

图注：
1-构件中螺钉螺纹部分的重心

图 8.11.a　间距、端距和边距

(3)螺纹部分的钉尖最小贯入长度宜为 $6d$。

A2〉(4)对于针叶材螺钉连接，按照 EN 14592〈A2：

—$6\text{mm} \leq d \leq 12\text{mm}$

—$0.6 \leq d_1/d \leq 0.75$

式中：d——外螺纹直径；

d_1——内螺纹直径。

抗拔承载力标准值宜按下式计算：

$$F_{\text{ax},\alpha,\text{Rk}} = \frac{n_{\text{ef}} f_{\text{ax,k}} d l_{\text{ef}} k_d}{1.2\cos^2\alpha + \sin^2\alpha} \tag{8.38}$$

式中：

$$f_{\text{ax,k}} = 0.52 d^{-0.5} l_{\text{ef}}^{-0.1} \rho_{\text{k}}^{0.8} \tag{8.39}$$

$$k_{\text{d}} = \min\begin{cases} \dfrac{d}{8} \\ 1 \end{cases} \tag{8.40}$$ 〈A1

A1〉 $F_{\text{ax},\alpha,\text{Rk}}$——与木纹呈夹角 α 时，连接的抗拔承载力标准值(N)；

$f_{ax,k}$——横纹抗拔强度标准值(N/mm²);

n_{ef}——螺钉的有效数量,见8.7.2(8);

l_{ef}——在螺纹部分的贯入长度(mm);

ρ_k——密度标准值(kg/m³);

α——螺钉轴与木纹之间的夹角,且$\alpha \geq 30°$。

注:螺钉周围钢板或木材的破坏模式是脆性的,即极限变形小,因此,应力重分布的可能性有限。

(5)如果不满足(4)中有关外螺纹和内螺纹直径的要求,抗拔承载力标准值$F_{ax,\alpha,Rk}$宜按下式计算:

$$F_{ax,\alpha,Rk} = \frac{n_{ef} f_{ax,k} d l_{ef}}{1.2\cos^2\alpha + \sin^2\alpha}\left(\frac{\rho_k}{\rho_a}\right)^{0.8} \tag{8.40a}$$

式中:$f_{ax,k}$——对应关联密度ρ_a,根据EN 14592确定的横纹抗拔参数标准值;

ρ_a——对应$f_{ax,k}$的关联密度(kg/m³);

其他符号在(4)中解释。

(6)具有轴向受荷螺钉的连接的抗穿透承载力标准值宜按下式计算:

$$F_{ax,\alpha,Rk} = n_{ef} f_{head,k} d_h^2 \left(\frac{\rho_k}{\rho_a}\right)^{0.8} \tag{8.40b}$$

式中:$F_{ax,\alpha,Rk}$——与木纹呈夹角α,且$\alpha \geq 30°$时,连接的穿透能力标准值(N);

$f_{head,k}$——对应关联密度ρ_a,根据EN 14592确定的螺钉穿透参数标准值;

d_h——螺钉帽的直径(mm);

其他符号在(4)中解释。

(7)连接的抗拉承载力标准值(头部撕脱或螺杆的抗拉承载力)$F_{t,Rk}$宜按下式计算:

$$F_{t,Rk} = n_{ef} f_{tens,k} \tag{8.40c}$$

式中:$f_{tens,k}$——根据EN 14592确定的螺钉抗拉承载力标准值;

n_{ef}——螺钉的有效数量,见8.7.2(8)。

(8)对于荷载分量与螺杆平行的一组螺钉连接,螺钉的有效数量为:

$$n_{ef} = n^{0.9} \tag{8.41}$$ ⟨A1]

式中:n_{ef}——螺钉的有效数量;

n——共同作用于一个连接的螺钉数量。⟨A1]

8.7.3 轴向与侧向组合受荷的螺钉

(1)对于承受轴向荷载和侧向荷载组合作用的螺钉连接,宜满足公式(8.28)

的要求。

8.8 齿板紧固件连接

8.8.1 一般规定

(1)P 齿板紧固件连接应由放置在木构件两侧,相同类型、尺寸和空间方向的齿板紧固件组成。

(2)以下规定仅适用于有两个正交方向的齿板紧固件。

8.8.2 板的几何尺寸

(1)用于定义齿板紧固件节点几何尺寸的符号如图 8.11 所示,其定义如下:

x 方向——齿板的主轴方向;

y 方向——垂直于板的主轴方向;

α——x 方向与力的方向之间的夹角(受拉:$0° \leqslant \gamma < 90°$,受压:$90° \leqslant \gamma < 180°$);

β——木纹方向与力的方向之间的夹角;

γ——x 方向与连接线之间的夹角;

A_{ef}——板与木材之间的总接触面面积,从木材边缘减去 5mm,从木材顺纹方向末端减去紧固件公称厚度 6 倍的长度;

l——沿连接线测量的板尺寸。

8.8.3 板的强度特性

(1)P 板应具有下列性能标准值,该值从按照 EN 1075 进行的试验中根据 EN 14545确定的:

$f_{a,0,0}$——$\alpha = 0°$且$\beta = 0°$时,单位面积锚固承载力;

$f_{a,90,90}$——$\alpha = 90°$且$\beta = 90°$时,单位面积锚固承载力;

$f_{t,0}$——$\alpha = 0°$时,板的单位宽度抗拉承载力;

$f_{c,0}$——$\alpha = 0°$时,板的单位宽度抗压承载力;

$f_{v,0}$——x 方向板的单位宽度抗剪承载力;

$f_{t,90}$——$\alpha = 90°$时,板的单位宽度抗拉承载力;

$f_{c,90}$——$\alpha = 90°$时,板的单位宽度抗压承载力;

$f_{v,90}$——y 方向板的单位宽度抗剪承载力;

k_1、k_2、α_o——常数。

(2)P　为了计算板的抗拉、抗压和抗剪承载力设计值，k_{mod}值应取1.0。

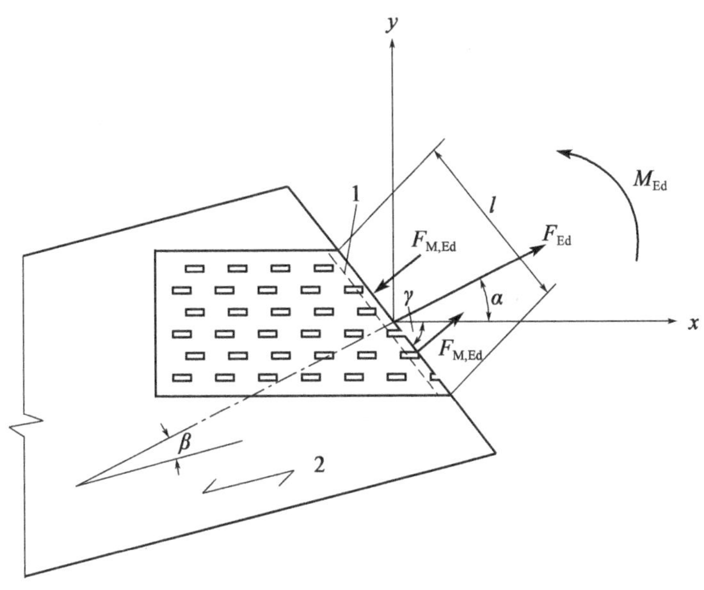

图注：
1-有效面积边界
2-木纹方向

图8.11　受力F_{Ed}和弯矩M_{Ed}作用的齿板紧固件连接的几何尺寸

8.8.4　板的锚固强度

(1)单个板的锚固强度标准值$f_{a,\alpha,\beta,k}$宜通过试验或计算推导：

$$f_{a,\alpha,\beta,k}=\max\begin{cases}f_{a,\alpha,0,k}-(f_{a,\alpha,0,k}-f_{a,90,90,k})\dfrac{\beta}{45^\circ}\\ f_{a,0,0,k}-(f_{a,0,0,k}-f_{a,90,90,k})\sin[\max(\alpha,\beta)]\end{cases}\quad 对于\beta\leqslant45^\circ \tag{8.42}$$

$$或f_{a,\alpha,\beta,k}=f_{a,0,0,k}-(f_{a,0,0,k}-f_{a,90,90,k})\sin[\max(\alpha,\beta)]\quad 对于45^\circ<\beta\leqslant90^\circ \tag{8.43}$$

(2)每个板的顺纹锚固强度标准值宜按下式计算：

$$f_{a,\alpha,0,k}=\begin{cases}f_{a,0,0,k}+k_1\alpha & 当\alpha\leqslant\alpha_0时\\ f_{a,0,0,k}+k_1\alpha_0+k_2(\alpha-\alpha_0) & 当\alpha_0<\alpha\leqslant90^\circ时\end{cases} \tag{8.44}$$

常数k_1，k_2和α_0宜按照EN 1075的锚固试验确定，并按照EN 14545中给出的适用于实际板类型的步骤推导。

8.8.5 连接强度验算

8.8.5.1 板的锚固承载力

(1)单个齿板紧固件上由力 F_{Ed} 产生的锚固应力设计值 $\tau_{F,d}$ 和由弯矩 M_{Ed} 产生的锚固应力设计值 $\tau_{M,d}$ 宜按下式计算：

$$\tau_{F,d} = \frac{F_{A,Ed}}{A_{ef}} \tag{8.45}$$

$$\tau_{M,d} = \frac{M_{A,Ed}}{W_p} \tag{8.46}$$

和

$$W_p = \int_{A_{ef}} r\mathrm{d}A \tag{8.47}$$

式中：Ⓐ₂ $F_{A,Ed}$——作用于单个板有效面积中心处的力的设计值(即木构件中总力的一半)，受拉为正；Ⓐ₂

$M_{A,Ed}$——作用于单个板有效面积中心处的弯矩的设计值；

dA——齿板紧固件的部分面积；

Ⓐ₂ r——板有效面积的重心到部分面积 dA 的距离；Ⓐ₂

A_{ef}——板的有效面积。

(2)作为公式(8.47)的备选，W_p 可按下式保守地近似为：

$$W_p = \frac{A_{ef}d}{4} \tag{8.48}$$

且

$$d = \sqrt{\left(\frac{A_{ef}}{h_{ef}}\right)^2 + h_{ef}^{\ 2}} \tag{8.49}$$

式中：h_{ef}——与最长边垂直的有效锚固面积的最大高度。

(3)受压时，可考虑木构件之间的接触压力以减少 F_{Ed} 的值，前提是构件间隙的平均值不大于1.5mm，且最大值为3mm。在这种情况下，宜按最小压力设计值为 $F_{A,Ed}/2$ 设计连接。

Ⓐ₂宜仅减少垂直于木材表面的 F_{Ed} 分量。Ⓐ₂

Ⓐ₂(4)当 $F_{Ed} \leqslant 0$ 时，可根据下式力的设计值 $F_{A,Ed}$ 和弯矩的设计值 $M_{A,Ed}$ 来设计单个板，可考虑在受压弦杆拼接木构件间的接触压应力：

$$F_{A,Ed} = \frac{F_x}{|F_x|}\sqrt{F_x^2 + (F_{Ed}\sin\beta)^2} \tag{8.50}$$

$$M_{A,Ed} = \frac{M_{Ed}}{2} \tag{8.51}$$

式中：$F_x = \frac{F_{Ed}\cos\beta}{2} + \frac{3|M_{Ed}|}{2h}$；

F_{Ed}——作用于单个板上的弦杆轴力设计值(压力或0)；

M_{Ed}——作用于单个板上的弦杆弯矩设计值；

h——弦杆高度。〈A2〉

(5)宜满足下式的要求：

$$\left(\frac{\tau_{F,d}}{f_{a,\alpha,\beta,d}}\right)^2 + \left(\frac{\tau_{M,d}}{f_{a,0,0,d}}\right)^2 \leqslant 1 \tag{8.52}$$

8.8.5.2 板的承载力

(1)对于每个节点的交界面,两个主要方向上的力宜按下式计算：

$$F_{x,Ed} = F_{Ed}\cos\alpha \pm 2F_{M,Ed}\sin\gamma \tag{8.53}$$

$$F_{y,Ed} = F_{Ed}\sin\alpha \pm 2F_{M,Ed}\cos\gamma \tag{8.54}$$

式中：F_{Ed}——单个板上力的设计值(即木构件中总力的一半)；

$F_{M,Ed}$——单个板上来自弯矩的力的设计值($F_{M,Ed} = 2M_{Ed}/l$)。

〈A2〉注：可通过8.8.5.1(3)确定的接触压力减少F_{Ed}。〈A2〉

(2)宜满足下式的要求：

$$\left(\frac{F_{x,Ed}}{F_{x,Rd}}\right)^2 + \left(\frac{F_{y,Ed}}{F_{y,Rd}}\right)^2 \leqslant 1 \tag{8.55}$$

式中：$F_{x,Ed}$、$F_{y,Ed}$——作用在x和y方向上的力的设计值；

$F_{x,Rd}$、$F_{y,Rd}$——对应的板承载力设计值。它们是由平行或垂直于主轴截面的承载力标准值的最大值确定的,在这些方向上的板承载力标准值按下式计算：

$$F_{x,Rk} = \max\begin{cases} |f_{n,0,k}\,l\sin[\gamma - \gamma_0\sin(2\gamma)]| \\ |f_{v,0,k}\,l\cos\gamma| \end{cases} \tag{8.56}$$

$$F_{y,Rk} = \max\begin{cases} |f_{n,90,k}\,l\cos\gamma| \\ k f_{v,90,k}\,l\sin\gamma \end{cases} \tag{8.57}$$

且

〈A1〉

$$f_{n,0,k} = \begin{cases} f_{t,0,k} & F_{x,Ed} > 0 \\ f_{c,0,k} & F_{x,Ed} \leqslant 0 \end{cases} \tag{8.58}$$
〈A1〉

$$f_{n,90,k} = \begin{cases} f_{t,90,k} & F_{y,Ed} > 0 \\ f_{c,90,k} & F_{y,Ed} \leqslant 0 \end{cases} \tag{8.59}$$

$$k = \begin{cases} 1 + k_v \sin(2\gamma) & F_{x,Ed} > 0 \\ 1 & F_{x,Ed} \leqslant 0 \end{cases} \tag{8.60}$$

式中,γ_0 和 k_v 是常数,按照 EN 1075 的剪切试验确定,并按照 EN 14545 中给出的适用于实际板类型的步骤推导。

(3)如果板覆盖了构件上两条以上的连接线,则宜确定连接线的每个直线部分上的力,使其达到平衡,并使连接线的每个直线的部分满足表达式(8.55)的要求。宜考虑所有临界截面。

8.9 裂环和剪板连接件

(1)对于由符合 EN 912 和 EN 14545 且直径不大于200mm 的 A 型裂环或 B 型剪板组成的连接,单个连接件每个剪面的顺纹承载力标准值 $F_{v,0,Rk}$ 宜按下式计算:

$$F_{v,0,Rk} = \min\begin{cases} k_1 k_2 k_3 k_4 (35 d_c^{1.5}) & \text{(a)} \\ k_1 k_3 h_e (31.5 d_c) & \text{(b)} \end{cases} \tag{8.61}$$

式中:$F_{v,0,Rk}$——顺纹承载力标准值(N);

d_c——连接件的直径(mm);

h_e——嵌入深度(mm);

k_i——修正系数,$i = 1 \sim 4$,定义如下。

(2)外侧木构件的最小厚度宜为 $2.25h_e$,内侧构件的最小厚度宜为 $3.75h_e$,其中 h_e 是嵌入深度,见图 8.12。

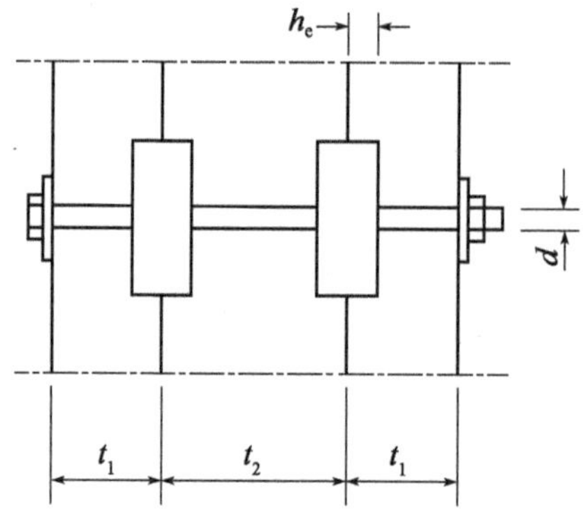

图 8.12 裂环和剪板连接件的尺寸

(3)系数 k_1 宜取：

$$k_1 = \min\begin{cases}1\\ \dfrac{t_1}{3h_e}\\ \dfrac{t_2}{5h_e}\end{cases} \tag{8.62}$$

(4)系数 k_2 适用于受荷端($-30° \leqslant \alpha \leqslant 30°$)，宜取：

$$k_2 = \min\begin{cases}k_a\\ \dfrac{a_{3,t}}{2d_e}\end{cases} \tag{8.63}$$

式中：

$$k_a = \begin{cases}1.25 & \text{对于每个剪面有一个连接件的连接}\\ 1.0 & \text{对于每个剪面不只有一个连接件的连接}\end{cases} \tag{8.64}$$

$a_{3,t}$见表 8.7。

对于其他 α 值，$k_2 = 1.0$。

(5)系数 k_3 宜取：

$$k_3 = \min\begin{cases}1.75\\ \dfrac{\rho_k}{350}\end{cases} \tag{8.65}$$

式中：ρ_k——木材密度标准值(kg/m^3)。

(6)系数 k_4 取决于连接的材料，宜取：

$$k_4 = \begin{cases}1.0 & \text{对于木 - 木连接}\\ 1.1 & \text{对于钢 - 木连接}\end{cases} \tag{8.66}$$

(7)对于非受荷端每个剪面有一个连接件的连接($150° \leqslant \alpha \leqslant 210°$)，应忽略公式(8.61)的条件(a)。

(8)当力的方向与木纹呈夹角 α 时，单个连接件每个剪面的承载力标准值 $F_{\alpha,Rk}$宜按下式计算：

$$F_{v,\alpha,Rk} = \frac{F_{v,0,Rk}}{k_{90}\sin^2\alpha + \cos^2\alpha} \tag{8.67}$$

且

$$k_{90} = 1.3 + 0.001d_c \tag{8.68}$$

式中：$F_{v,0,Rk}$——根据公式(8.61)计算得到的连接件在顺纹荷载作用下的承载力标准值；

d_c——连接件的直径(mm)。

(9)表 8.7 给出了最小间距、边距和端距,符号如图 8.7 所示。

A2⟩表 8.7　裂环和剪板连接件的最小间距、边距和端距

间距和边/端距(见图 8.7)	与木纹的夹角	最小间距和边/端距
a_1(顺纹)	$0° \leqslant \alpha \leqslant 360°$	$(1.2+0.8\vert\cos\alpha\vert)d_c$
a_2(横纹)	$0° \leqslant \alpha \leqslant 360°$	$1.2d_c$
$a_{3,t}$(受荷端)	$-90° \leqslant \alpha \leqslant 90°$	$2.0d_c$
$a_{3,c}$(非受力端)	$90° \leqslant \alpha \leqslant 150°$	$(0.4+1.6\vert\sin\alpha\vert)d_c$
	$150° \leqslant \alpha \leqslant 210°$	$1.2d_c$
	$210° \leqslant \alpha \leqslant 270°$	$(0.4+1.6\vert\sin\alpha\vert)d_c$
$a_{4,t}$(受荷边)	$0° \leqslant \alpha \leqslant 180°$	$(0.6+0.2\vert\sin\alpha\vert)d_c$
$a_{4,c}$(非受荷边)	$180° \leqslant \alpha \leqslant 360°$	$0.6d_c$ ⟨A2

(10)当连接件交错排列时(见图 8.13),顺纹和横纹最小间距宜符合下式的要求:

$$(k_{a1})^2 + (k_{a2})^2 \geqslant 1 \quad 且 \quad \begin{cases} 0 \leqslant k_{a1} \leqslant 1 \\ 0 \leqslant k_{a2} \leqslant 1 \end{cases} \tag{8.69}$$

式中:k_{a1}——顺纹最小间距 a_1 的折减系数;

k_{a2}——横纹最小间距 a_2 的折减系数。

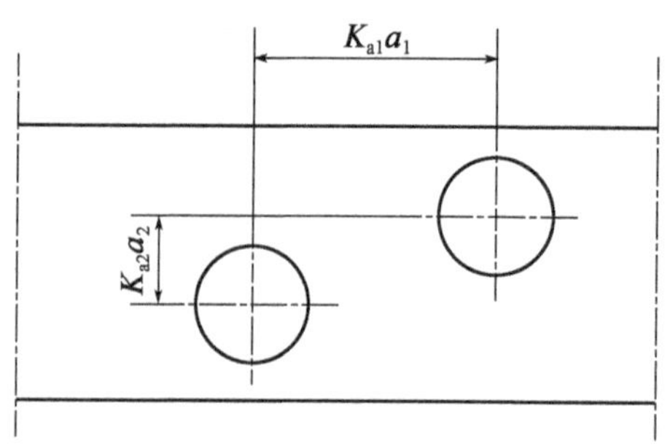

图 8.13　连接件的折减间距

(11)顺纹间距 $k_{a1}a_1$ 可通过乘以系数 $k_{s,red}$ 来进一步折减,其中 $0.5 \leqslant k_{s,red} \leqslant 1.0$,前提是承载力乘以一个系数:

$$k_{R,red} = 0.2 + 0.8k_{s,red} \tag{8.70}$$

(12)对于顺纹布置的一行连接件,宜采用连接件的有效数量 n_{ef} 来计算其顺纹承载力:

$$n_{ef} = 2 + \left(1 - \frac{n}{20}\right)(n - 2) \tag{8.71}$$

式中:n_{ef}——连接件的有效数量;

n——顺纹布置的一行连接件的有效数量。

(13)当 $k_{a2}a_2 < 0.5k_{a1}a_1$ 时,可视为连接件顺纹布置。

8.10 齿盘连接件

(1)采用齿盘连接件的连接的承载力标准值宜取各齿盘连接件以及符合 8.5 要求的连接螺栓的承载力标准值之和。

(2)对于符合 EN 912(单边:C2、C4、C7、C9、C11 型;双边:C1、C3、C5、C6、C8、C10 型)和 EN 14545 的 C 型连接件,每个齿盘连接件的承载力标准值 $F_{v,Rk}$ 宜按下式计算:

[A1⟩

$$F_{v,Rk} = \begin{cases} 18k_1k_2k_3d_c^{1.5} & \text{对于 C1 至 C9 型} \\ 25k_1k_2k_3d_c^{1.5} & \text{对于 C10 型和 C11 型} \end{cases} \quad (8.72)$$ ⟨A1]

式中:$F_{v,Rk}$——单个齿盘连接件的承载力标准值(N);

k_i——修正系数,$i = 1 \sim 3$,定义如下。

d_c 是:

—C1、C2、C6、C7、C10 和 C11 型齿盘连接件的直径(mm);

—C5、C8 和 C9 型齿盘连接件的边长(mm);

—C3 型和 C4 型两边长乘积的平方根(mm)。

(3)8.9(2)条适用。

(4)系数 k_1 宜取:

$$k_1 = \min\begin{cases} 1 \\ \dfrac{t_1}{3h_e} \\ \dfrac{t_2}{5h_e} \end{cases} \quad (8.73)$$

式中:t_1——侧边构件的厚度;

t_2——中心构件的厚度;

[A1⟩ h_e——齿贯入深度。⟨A1]

(5)系数 k_2 宜取:

—对于 C1 至 C9 型:

$$k_2 = \min\begin{cases} 1 \\ \dfrac{a_{3,t}}{1.5d_c} \end{cases} \quad (8.74)$$

且

$$a_{3,t} = \max\begin{cases}1.1d_c \\ 7d \\ 80\text{mm}\end{cases} \tag{8.75}$$

式中:d——螺栓的直径(mm);

d_c——在上述(2)中已解释。

—对于 C10 型和 C11 型:

$$k_2 = \min\begin{cases}1 \\ \dfrac{a_{3,t}}{2.0d_c}\end{cases} \tag{8.76}$$

且

$$a_{3,t} = \max\begin{cases}1.5d_c \\ 7d \\ 80\text{mm}\end{cases} \tag{8.77}$$

式中:d——螺栓的直径(mm);

d_c——在上述(2)中已解释。

(6)系数 k_3 宜取:

$$k_3 = \min\begin{cases}1.5 \\ \dfrac{\rho_k}{350}\end{cases} \tag{8.78}$$

式中:ρ_k——木材密度标准值(kg/m³)。

(7)对于 C1 至 C9 型齿盘连接件,最小间距、边距和端距宜取自表 8.8,符号如图 8.7 所示。

Ⓐ₂表 8.8 C1 至 C9 型齿盘连接件的最小间距、边距和端距

间距和边/端距(见图 8.7)	与木纹的夹角	最小间距和边/端距
a_1(顺纹)	$0° \leq \alpha \leq 360°$	$(1.2 + 0.3\lvert\cos\alpha\rvert)d_c$
a_2(横纹)	$0° \leq \alpha \leq 360°$	$1.2d_c$
$a_{3,t}$(受荷端)	$-90° \leq \alpha \leq 90°$	$1.5d_c$
$a_{3,c}$(非受荷端)	$90° \leq \alpha \leq 150°$	$(0.9 + 0.6\lvert\sin\alpha\rvert)d_c$
	$150° \leq \alpha \leq 210°$	$1.2d_c$
	$210° \leq \alpha \leq 270°$	$(0.9 + 0.6\lvert\sin\alpha\rvert)d_c$
$a_{4,t}$(受荷边)	$0° \leq \alpha \leq 180°$	$(0.6 + 0.2\lvert\sin\alpha\rvert)d_c$
$a_{4,c}$(非受荷边)	$180° \leq \alpha \leq 360°$	$0.6d_c$

Ⓐ₂

(8)对于 C10 型和 C11 型齿盘连接件,最小间距、边距和端距宜取自表 8.9,符号如图 8.7 所示。

表 8.9 C10 型和 C11 型齿盘连接件的最小间距、边距和端距

间距和边/端距(见图 8.7)	与木纹的夹角	最小间距和边/端距
a_1(顺纹)	$0° \leqslant \alpha \leqslant 360°$	$(1.2+0.8\|\cos\alpha\|)d_c$
a_2(横纹)	$0° \leqslant \alpha \leqslant 360°$	$1.2d_c$
$a_{3,t}$(受荷端)	$-90° \leqslant \alpha \leqslant 90°$	$2.0d_c$
$a_{3,c}$(非受荷端)	$90° \leqslant \alpha < 150°$	$(0.4+1.6\|\sin\alpha\|)d_c$
	$150° \leqslant \alpha < 210°$	$1.2d_c$
	$210° \leqslant \alpha \leqslant 270°$	$(0.4+1.6\|\sin\alpha\|)d_c$
$a_{4,t}$(受荷边)	$0° \leqslant \alpha \leqslant 180°$	$(0.6+0.2\|\sin\alpha\|)d_c$
$a_{4,c}$(非受荷边)	$180° \leqslant \alpha \leqslant 360°$	$0.6d_c$

(9)当 C1、C2、C6 和 C7 型圆形连接件交错布置时,8.9(10)适用。

(10)对于与齿盘连接件一起使用的螺栓,10.4.3 适用。

9 构件与组件

9.1 构件

9.1.1 薄腹板胶合梁

(1)如果假定应变沿梁深度线性变化,则木基翼缘的轴向应力宜满足下式的要求:

$$\sigma_{f,c,max,d} \leqslant f_{m,d} \tag{9.1}$$

$$\sigma_{f,t,max,d} \leqslant f_{m,d} \tag{9.2}$$

$$\sigma_{f,c,d} \leqslant k_c f_{c,0,d} \tag{9.3}$$

$$\sigma_{f,t,d} \leqslant f_{t,0,d} \tag{9.4}$$

式中:$\sigma_{f,c,max,d}$——翼缘最大压应力设计值;

$\sigma_{f,t,max,d}$——翼缘最大拉应力设计值;

$\sigma_{f,c,d}$——翼缘平均压应力设计值;

$\sigma_{f,t,d}$——翼缘平均拉应力设计值;

k_c——考虑侧向失稳的系数。

(3)系数 k_c 可按照6.3.2确定(偏保守,特别是对于箱形梁),且:

$$\lambda_z = \sqrt{12}\left(\frac{l_c}{b}\right) \tag{9.5}$$

式中:l_c——受压翼缘侧向挠曲被限制处截面之间的距离;

b——见图9.1。

当对梁的整体侧向失稳进行专门研究时,可假定 $k_c = 1.0$。

(4)腹板的轴向应力宜满足下式的要求:

$$\sigma_{w,c,d} \leqslant f_{c,w,d} \tag{9.6}$$

$$\sigma_{w,t,d} \leqslant f_{t,w,d} \tag{9.7}$$

式中:$\sigma_{w,c,d}$、$\sigma_{w,t,d}$——腹板的压应力和拉应力设计值;

$f_{c,w,d}$、$f_{t,w,d}$——腹板的弯曲抗压和抗拉强度设计值。

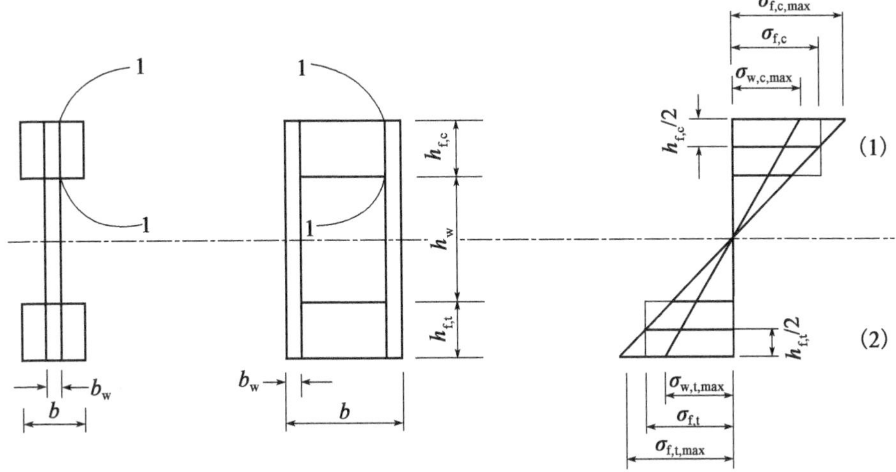

图注：
(1)受压
(2)受拉

图 9.1　薄腹板梁

(5)除非给出其他数值，否则腹板的平面内抗弯强度设计值宜取抗拉或抗压强度设计值。

(6)P　应验证所有胶拼接都具有足够的强度。

(7)除非进行详细的屈曲分析，否则宜验算：

$$h_w \leqslant 70 b_w \tag{9.8}$$

和

$$F_{v,w,Ed} \leqslant \begin{cases} b_w h_w \left[1 + \dfrac{0.5(h_{f,t} + h_{f,c})}{h_w}\right] f_{v,0,d} & \text{对于 } h_w \leqslant 35 b_w \\ 35 b_w^2 \left[1 + \dfrac{0.5(h_{f,t} + h_{f,c})}{h_w}\right] f_{v,0,d} & \text{对于 } 35 b_w \leqslant h_w \leqslant 70 b_w \end{cases} \tag{9.9}$$

式中：$F_{v,w,Ed}$——作用在每个腹板上的剪力设计值；

h_w——翼缘之间的净距；

$h_{f,c}$——受压翼缘的高度；

$h_{f,t}$——受拉翼缘的高度；

b_w——每个腹板的宽度；

$f_{v,0,d}$——板的抗剪强度设计值。

(8)对于木基板材腹板，宜对图 9.1 中的截面 1-1 进行如下验算：

$$\tau_{mean,d} \leqslant \begin{cases} f_{v,90,d} & \text{对于 } h_f \leqslant 4 b_{ef} \\ f_{v,90,d} \left(\dfrac{4 b_{ef}}{h_f}\right)^{0.8} & \text{对于 } h_f > 4 b_{ef} \end{cases} \tag{9.10}$$

式中：$\tau_{mean,d}$——假定应力均匀分布时，截面 1-1 处的剪应力设计值；

$f_{v,90,d}$——腹板平面(滚动)抗剪强度设计值；

h_f——$h_{f,c}$或 $h_{f,t}$。

$$b_{ef}=\begin{cases}b_w & \text{对于箱形梁}\\ b_w/2 & \text{对于工字梁}\end{cases} \tag{9.11}$$

9.1.2 胶合梁薄翼缘

(1)此条款假定应变沿梁深度是线性变化的。

(2)P 在胶合梁薄翼缘的强度验算中，应考虑由于剪力滞后和屈曲引起的应力分布不均匀。

(3)除非做更详细的计算，否则宜把组件视为一组工字梁或 U 形梁(见图 9.2)，其有效翼缘宽度 b_{ef}如下：

—对于工字梁

$$b_{ef}=b_{c,ef}+b_w \quad (\text{或 } b_{t,ef}+b_w) \tag{9.12}$$

—对于 U 形梁

$$b_{ef}=0.5b_{c,ef}+b_w \quad (\text{或 } 0.5b_{t,ef}+b_w) \tag{9.13}$$

$b_{c,ef}$和 $b_{t,ef}$的值宜不大于表 9.1 中针对剪力滞后计算的最大值。此外，$b_{c,ef}$值宜不大于表 9.1 中针对板屈曲计算的最大值。

(4)宜从表 9.1 中选取由于剪力滞后和板屈曲效应引起的最大有效翼缘宽度，其中 l 是梁的跨度。

表 9.1 由于剪力滞后和板屈曲效应引起的最大有效翼缘宽度

翼缘材料	剪力滞后	板屈曲
胶合板，表层木纹方向：		
—与腹板平行	$0.1l$	$20h_f$
—与腹板垂直	$0.1l$	$25h_f$
定向刨花板	$0.15l$	$25h_f$
刨花板或随机纤维方向的纤维板	$0.2l$	$30h_f$

(5)除非进行详细的屈曲研究，否则无约束的翼缘宽度不宜大于由板屈曲效应引起的有效翼缘宽度(见表 9.1)的 2 倍。

(6)对于木基板材腹板，宜对图 9.2 中的一个工字形截面中的截面 1-1 进行如下验算：

$$\tau_{mean,d}\leqslant\begin{cases}f_{v,90,d} & \text{对于 } b_w\leqslant 8h_f\\ f_{v,90,d}\left(\dfrac{8h_f}{h_w}\right)^{0.8} & \text{对于 } b_w>8h_f\end{cases} \tag{9.14}$$

式中：$\tau_{mean,d}$——假定应力均匀分布时，截面 1-1 处的剪应力设计值；

$f_{v,90,d}$——翼缘的平面(滚动)抗剪强度设计值。

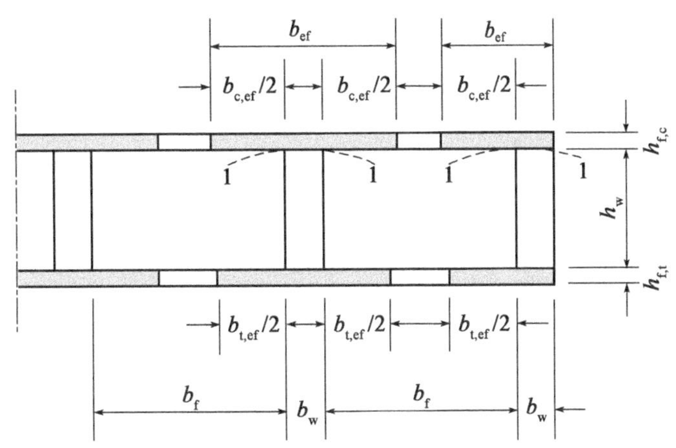

图 9.2 薄翼缘梁

对于 U 形截面中的截面 1-1，宜使用 $4h_f$ 代替 $8h_f$，用相同的公式进行验算。

(7)基于相关的有效翼缘宽度，翼缘的轴向应力宜满足下式的要求：

$$\sigma_{f,c,d} \leqslant f_{f,c,d} \tag{9.15}$$

$$\sigma_{f,t,d} \geqslant f_{f,t,d} \tag{9.16}$$

式中：$\sigma_{f,c,d}$——翼缘平均压应力设计值；

$\sigma_{f,t,d}$——翼缘平均拉应力设计值；

$f_{f,c,d}$——翼缘抗压强度设计值；

$f_{f,t,d}$——翼缘抗拉强度设计值。

(8)P 应验证所有的胶合拼接都具有足够的强度。

(9)木基腹板的轴向应力宜满足 9.1.1 中的公式(9.6)和公式(9.7)。

9.1.3 机械连接梁

(1)P 当一个结构构件的横截面是通过机械紧固件连接的几个部分组成时，应考虑发生在节点中滑移的影响。

(2)计算时宜假定力与滑移呈线性关系。

(3)如果紧固件的间距沿纵向变化，根据 s_{min} 和 s_{max}($\leqslant 4s_{min}$) 间的剪力，一个有效的间距 s_{ef} 可按下式计算：

$$s_{ef} = 0.75s_{min} + 0.25s_{max} \tag{9.17}$$

注：计算机械连接梁承载力的方法见附录 B(资料性)。

9.1.4 机械连接和胶接柱

(1)P 在强度验算中,应考虑节点滑移,缀板、角撑板、柱身和翼缘中的剪力和弯曲,以及格构中的轴力引起的变形。

注:计算工字形柱、箱形柱、分肢柱和格构柱承载力的方法见附录C(资料性)。

9.2 组合件

9.2.1 桁架

(1)对于荷载主要集中在节点处的桁架,公式(6.19)和公式(6.20)中给出的弯曲应力比和轴压应力比组合宜限制在0.9。

(2)对于受压构件,在进行平面内强度验算时,柱的有效长度一般宜取两个相邻反弯点之间的距离。

(3)对于全三角桁架,受压构件的柱有效长度宜取跨长,见图5.1,如果:

—构件仅有一个跨长,且没有刚性的端部连接;

—构件在两跨或更多跨上连续,且无侧向荷载。

(4)当按照5.4.3条对齿板紧固件连接的全三角桁架进行简化分析时,可假定受压构件的有效长度如下(见图9.3):

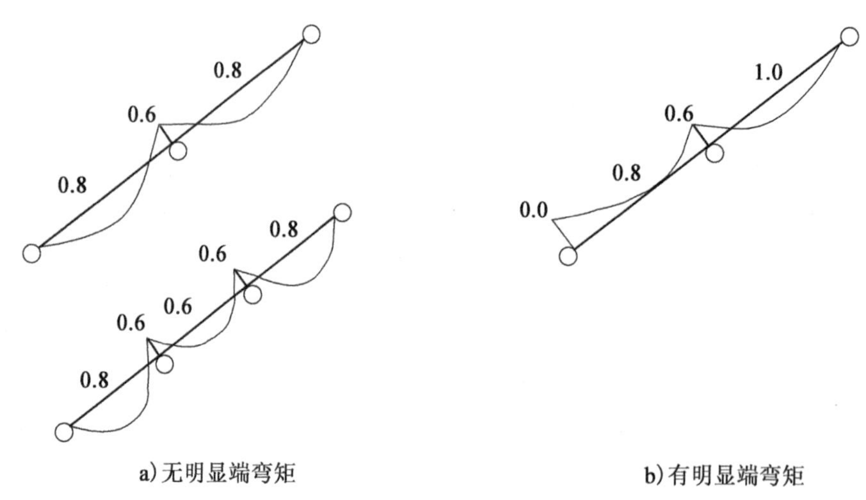

图9.3 弯矩图和受压有效长度

—对于无明显端弯矩,且侧向荷载引起的弯曲应力至少为压应力40%的连续构件:

—在外跨上:0.8倍跨长;

—在内跨上:0.6倍跨长;

—在节点上:0.6 倍相邻跨最大长度。

—对于有明显端弯矩,且侧向荷载引起的弯曲应力至少为压应力 40% 的连续构件:

—梁端有弯矩:0.0(即无柱效应);

—在倒数第二跨上:1.0 倍跨长;

—其余跨和节点:对于无明显端弯矩的连续梁如上所述;

—对于所有其他情况,1.0 倍跨长。

对于受压构件和连接的强度验算,宜将计算的轴力提高 10%。

(5)当对荷载作用在节点处的桁架进行简化分析时,拉应力比和压应力比以及连接的承载力都宜限制在 70%。

(6)P 应检查桁架构件的侧向(平面外)稳定性是否足够。

(7)P 连接应能传递制作和安装过程中可能产生的力。

(8)所有连接宜能传递作用于桁架平面内任意方向的力 $F_{r,d}$。$F_{r,d}$宜被假定为作用于服役等级 2 级的木材上的短期持续作用,其值为:

$$F_{r,d} = 1.0 + 0.1L \tag{9.18}$$

式中:$F_{r,d}$——单位为 kN;

L——桁架的总长度(m)。

9.2.2 齿板紧固件连接的桁架

(1)P 齿板紧固件连接的桁架应符合 EN 14250 的要求。

(2)5.4.1 和 9.2.1 的要求适用。

(3)对于全三角桁架,如果一个小的集中力(如一个人的重量)垂直于构件的分量 <1.5kN,且 $\sigma_{c,d} < 0.4f_{c,d}$、$\sigma_{t,d} < 0.4f_{t,d}$,则 6.2.3 和 6.2.4 的要求可由下式代替:

$$\sigma_{m,d} \leqslant 0.75f_{m,d} \tag{9.19}$$

(4)齿板在任何木构件上的最小搭接长度宜至少等于 40mm 或木构件高度的三分之一,取二者中的较大值。

(5)用于拼接弦杆的齿板紧固件宜覆盖所需构件高度的 2/3。

9.2.3 楼、屋盖横隔

9.2.3.1 一般规定

(1)本部分涉及由机械紧固件固定的木基材料薄板组成的简支横隔,如楼盖或屋盖。

(2)薄板边缘紧固件的承载力可在第 8 章中给出的值的基础上增大至 1.2 倍。

9.2.3.2 楼盖、屋盖横隔的简化分析

(1)对于受均布荷载的横隔(见图 9.4),宜采用本部分所述的简化分析方法,前提是:

—跨度 l 在 $2b$ 和 $6b$ 之间,b 是横隔的宽度;

—临界极限设计条件是紧固件失效(不在板内);

—板按照 10.8.1 中的详细规定固定。

(2)除非进行更详细的分析,否则宜设计边梁抵抗横隔中的最大弯矩。

(3)宜假定横隔上的剪力在其宽度上均匀分布。

(4)当薄板交错布置时(见图 9.4),沿不连续面板边缘的钉间距可增大 1.5 倍(最多不超过 150mm),而不会降低承载力。

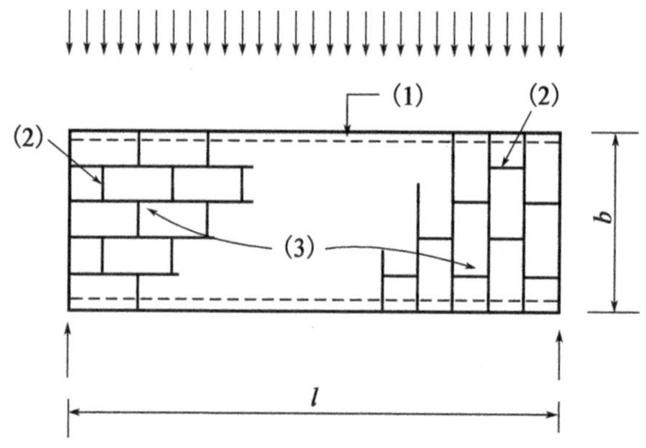

图注:
(1)边梁
(2)不连续面板边缘
(3)板布置

图 9.4 横隔荷载和交错面板的布置

9.2.4 墙体横隔(译者注:类似于剪力墙)

9.2.4.1 一般规定

(1)P 墙体横隔的设计应能抵抗施加在其上面的水平和竖向荷载。

(2)P 墙体应有足够的约束以避免倾覆和滑动。

(3)P 被认为具有抗侧力的墙体横隔应采用板材、斜撑或抗弯连接进行平面

内加固。

(4)P　墙体的抗侧承载力应根据 EN 594 进行试验或通过采用适当的分析方法或设计模型计算确定。

(5)P　墙体横隔设计应考虑到墙体材料的施工和几何特点。

(6)P　应评估墙体横隔对作用的响应,以确保结构保持在合适的正常使用性能范围内。

(7)对于墙体横隔, 9.2.4.2 和 9.2.4.3 给出了两种可供选择的简化计算方法。

注:使用9.2.4.2 中给出的推荐方法 A。各国的选择参见其国家附件有关内容。

9.2.4.2　墙体横隔简化分析——方法 A

(1)本条给出的简化方法宜仅适用于两端约束的墙体横隔,即端部竖向构件直接与下部结构连接。

(2)当力 $F_{v,Ed}$ 作用于抵抗倾覆(通过竖向作用或锚固)的悬臂板的顶部时,对于一个或多个板组成的墙体,宜采用下述简化分析法确定其承载力设计值 $F_{v,Rd}$(抗侧承载力设计值),其中每个墙板由固定在木框架一侧的覆面板组成,前提是:

—沿每个薄板的周边紧固件的间距是恒定的;

—每个薄板的宽度至少为 $h/4$。

(3)对于由多个墙板组成的墙体,其抗侧承载力设计值宜按下式计算:

$$F_{v,Rd} = \sum F_{i,v,Rd} \tag{9.20}$$

[A1⟩其中,$F_{i,v,Rd}$ 是符合 9.2.4.2(4) 和 9.2.4.2(5) 的墙板抗侧承载力设计值。⟨A1]

(4)在力 $F_{i,v,Ed}$ 作用下,每个墙板的抗侧承载力设计值 $F_{i,v,Rd}$ 宜根据图9.5 用下式计算:

$$F_{i,v,Rd} = \frac{F_{f,Rd} b_i c_i}{s} \tag{9.21}$$

式中:$F_{f,Rd}$——单个紧固件的侧向承载力设计值;

b_i——墙板宽度;

s——紧固件间距。

$$c_i = \begin{cases} 1 & b_i \geq b_0 \\ \dfrac{b_i}{b_0} & b_i < b_0 \end{cases} \tag{9.22}$$

式中：b_0——$b_0 = h/2$；

h——墙的高度。

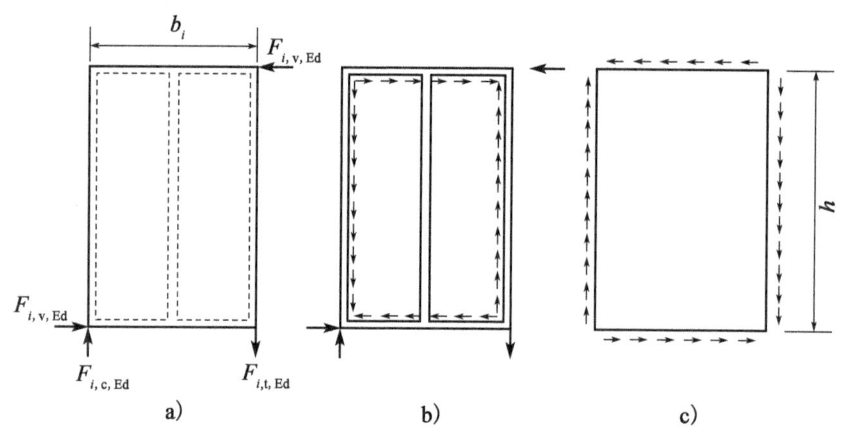

图 9.5　力作用于：a）墙段；b）框架；c）覆面板

（5）对于沿单个覆面板边缘布置的紧固件，其侧向承载力设计值宜在第 8 章中给出的相应值的基础上增大 1.2 倍。按照第 8 章的要求确定紧固件间距时，宜假定边缘不受力。

（6）不宜考虑有门或窗开洞的墙板对抗侧承载力的贡献。

（7）对于两侧都有薄板的墙板，下列规定适用：

——如果薄板和紧固件的类型和尺寸相同，则墙体的总抗侧承载力宜取单侧抗侧承载力之和；

——当薄板的类型不同，但紧固件的滑移模量相似时，除非其他值被证明是有效的，否则可考虑取较弱侧的抗侧承载力的 75%。在其他情况下，宜考虑不超过 50%。

（8）宜根据图 9.5 按下式确定外力 $F_{i,c,Ed}$ 和 $F_{i,t,Ed}$：

$$F_{i,c,Ed} = F_{i,t,Ed} = \frac{F_{i,v,Ed}h}{b_i} \tag{9.23}$$

式中：h——墙体的高度。

（9）这些力既能传递到相邻墙体的覆面板上，也能传递到位于上面或下面的结构上。当拉力传递到位于下面的结构上时，墙板宜通过刚性紧固件固定。宜根据 6.3.2 验算墙骨柱的屈曲。当竖向构件两端支承水平框架构件时，宜按 6.1.5 评估水平构件中的横纹压应力。

（10）在有门或窗开洞，且宽度较小的墙板（见图 9.6）中产生的外力同样能传递到位于上面或下面的结构上。

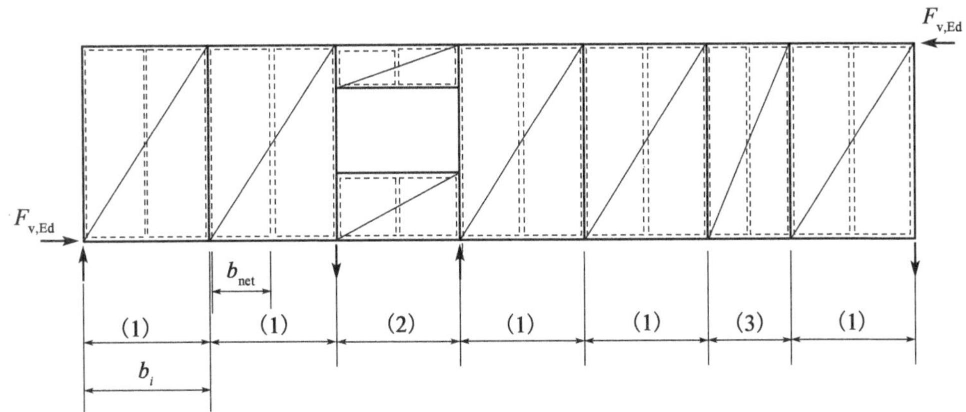

图注：
(1)墙板(标准宽度)
(2)带窗的墙板
(3)墙板(较小宽度)

图 9.6　墙板组成示例,包括窗开洞墙板和较小宽度墙板

(11)薄板的剪切屈曲可以忽略,前提是$\frac{b_{net}}{t} \leqslant 100$,其中:

b_{net}——墙骨杆的净距;

t——覆面板的厚度。

(12)为了将中心墙骨柱视为覆面板的支撑,中心墙骨柱内的紧固件间距不宜大于沿覆面板边缘的紧固件间距的 2 倍。

(13)当单个墙板由预制墙体单元组成时,则宜验证各墙体单元之间的剪力传递。

(14)宜验算木构件在竖向墙骨柱与水平木构件接触面上的横纹压应力。

9.2.4.3　墙体横隔简化分析——方法 B

9.2.4.3.1　满足简化分析要求的墙体和覆面板施工

(1)墙段组件(见图 9.7)由一面或多面墙体组成,每面墙体由一块或多块面板构成时,覆面板由 3.5 所述的木基薄板制成,通过紧固件固定在木框架上。

(2)为了使覆面板对墙段平面内(抗侧)强度有所贡献,覆面板的宽度宜至少为其高度的 1/4。覆面板与木框架的连接宜采用钉或螺钉,紧固件宜在覆面板周边等间距布置。在覆面板周边的紧固件间距宜不超过周边紧固件间距的 2 倍。

(3)如面板上开洞,则洞口侧面板的长度宜视为单独的面板。

(4)当面板组合成墙时:

—每个面板的顶部宜由穿过面板节点的构件或结构连接在一起;

—宜评估两个面板之间所需的竖向连接的强度,其强度设计值宜至少为2.5kN/m;

—连接在一起形成一面墙的面板,宜能通过锚固在支撑结构上或在墙上施加永久作用,或通过两种效应的组合作用,来抵抗倾覆和滑动力。

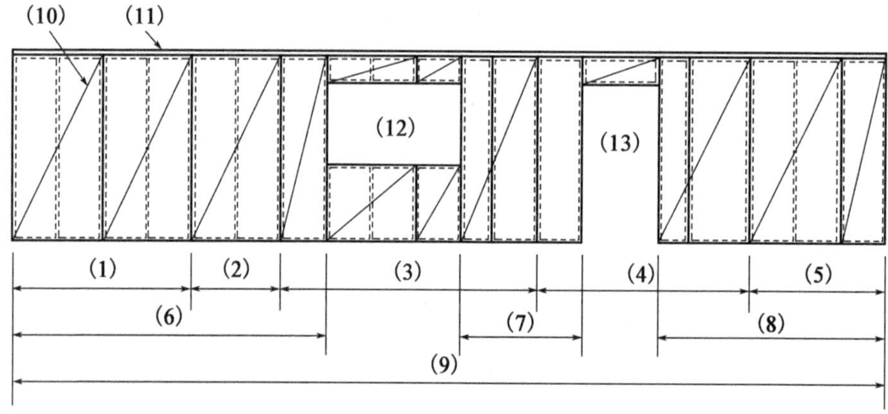

图注:
(1)墙段1　(2)墙段2
(3)墙段3　(4)墙段4
(5)墙段5　(6)墙体1
(7)墙体2　(8)墙体3
(9)墙组件　(10)覆面板
(11)顶梁板　(12)窗
(13)门

图9.7　由多个墙段组成的墙体组件示例

9.2.4.3.2　设计步骤

(1)当力 $F_{v,Ed}$ 作用于通过竖向作用和/或锚固抵抗倾覆和滑动的悬臂墙的顶部时,宜采用简化分析法确定满足9.2.4.3.1中所述施工要求的墙体的平面内抗剪(抗侧)强度设计值 $F_{v,Rd}$。

(2)对于由多个墙体组成的墙体组件,其抗侧强度设计值 $F_{v,Rd}$ 宜按下式计算:

$$F_{v,Rd} = \sum F_{i,v,Rd} \tag{9.24}$$

式中:$F_{i,v,Rd}$——按下述(3)计算得到的墙体的抗侧强度设计值。

(3)第 i 个墙体的抗侧强度设计值 $F_{i,v,Rd}$ 宜按下式计算:

$$F_{i,v,Rd} = \frac{F_{f,Rd} b_i}{s_0} k_d k_{i,q} k_s k_n \tag{9.25}$$

式中:$F_{f,Rd}$——单个紧固件的侧向承载力设计值;

b_i——墙体的长度(m);

[A1) s_0——基础紧固件间距(m),见下述(4);

k_d——墙体的尺寸系数,见下述(4);(A1]

$k_{i,q}$——第 i 面墙的均布荷载系数,见下述(4);

k_s——紧固件间距系数,见下述(4);

k_n——覆面材料系数,见下述(4)。

(4)s_0、k_d、$k_{i,q}$、k_s 和 k_n 值宜按下式计算:

[A1〉 —$s_0 = \frac{9.7d}{\rho_k}$ (9.26)

式中:s_0——基础紧固件间距(m);

d——紧固件的直径(mm);

ρ_k——木框架的密度标准值(kg/m^3)。〈A1]

$$—k_d = \begin{cases} \frac{b_i}{h} & 对于\frac{b_i}{h} \leqslant 1.0 \quad (a) \\ \left(\frac{b_i}{h}\right)^{0.4} & 对于\frac{b_i}{h} > 1.0 和 b_i \leqslant 4.8m \quad (b) \\ \left(\frac{4.8}{h}\right)^{0.4} & 对于\frac{b_i}{h} > 1.0 和 b_i > 4.8m \quad (c) \end{cases} \quad (9.27)$$

式中:h——墙体的高度(m)。

$$—k_{i,q} = 1 + (0.083q_i - 0.0008q_i^2)\left(\frac{2.4}{b_i}\right)^{0.4} \quad (9.28)$$

式中:q_i——作用在墙上的等效均布竖向荷载(kN/m),且 $q_i \geqslant 0$,见下述(5)。

$$k_s = \frac{1}{0.86\frac{s}{s_0} + 0.57} \quad (9.29)$$

式中:s——围绕覆面板周边布置的紧固件的间距。

$$—k_n = \begin{cases} 1.0 & 对于一侧覆面 \quad (a) \\ \frac{F_{i,v,Rd,max} + 0.5F_{i,v,Rd,min}}{F_{i,v,Rd,max}} & 对于两侧覆面 \quad (b) \end{cases} \quad (9.30)$$

式中:$F_{i,v,Rd,max}$——较强覆面层的抗侧强度设计值;

$F_{i,v,Rd,min}$——较弱覆面层的抗侧强度设计值。

(5)用于计算 $k_{i,q}$的等效竖向荷载 q_i 宜仅采用永久作用和风的所有净效应,以及由作用于面板上的集中力(包括锚固力)产生的等效作用来确定。为了计算 $k_{i,q}$,宜假定墙体为刚体,并将集中的竖向力转换为等效的均布荷载,例如作用在墙体上的荷载 $F_{i,vert,Ed}$,如图 9.8 所示。

$$q_i = \frac{2aF_{i,vert,Ed}}{b_i^2} \quad (9.31)$$

式中:a——力 F 到背风墙角的水平距离;

b——墙的长度。

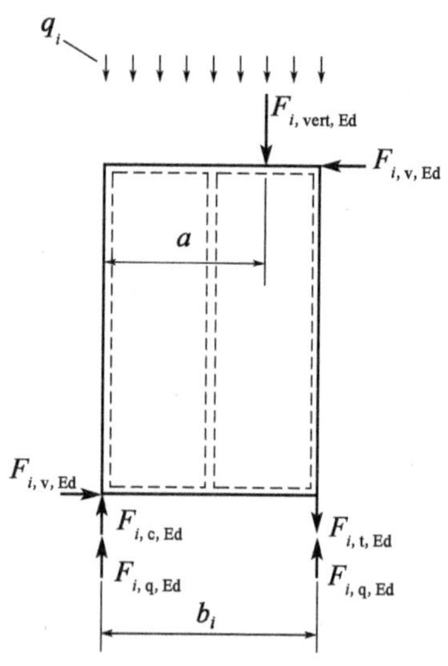

图 9.8　由竖向和水平作用引起的反力和等效竖向作用 q_i 的确定

(6)作用在第 i 面墙上的水平作用 $F_{i,\mathrm{v,Ed}}$引起的外力 $F_{i,\mathrm{c,Ed}}$和 $F_{i,\mathrm{t,Ed}}$(见图 9.8)宜按下式计算:

$$F_{i,\mathrm{c,Ed}} = F_{i,\mathrm{t,Ed}} = \frac{F_{i,\mathrm{v,Ed}}h}{b_i} \tag{9.32}$$

式中:h——墙体的高度。

这些外力既能通过竖向板-板连接传递到相邻面板上,也能传递到墙体上面或下面的结构上。当拉力传递到下面的结构上时,面板宜通过刚性紧固件固定。竖向构件的压力宜根据 6.3.2 进行屈曲验算。当竖向构件的两端支承水平框架构件时,宜按 6.1.5 评估水平构件中的横纹压应力。

(7)在剪切力 $F_{\mathrm{v,Ed}}$作用下薄板的屈曲可忽略,前提是:

$$\frac{b_{\mathrm{net}}}{t} \leqslant 100 \tag{9.33}$$

式中:b_{net}——木框架竖向构件间的净距;

t——覆面板的厚度。

9.2.5　支撑

9.2.5.1　一般规定

(1)P　在其他方面没有足够刚性的结构,应对其进行支撑以防止失稳或过度变形。

(2)P　应考虑几何和结构缺陷以及所引起的挠度(包括任何节点滑移的贡献)所引起的应力。

(3)P　支撑力应基于结构缺陷和所引起的挠度的最不利组合确定。

9.2.5.2　受压单构件

(1)对于需要间隔为 a 的侧向支撑(见图 9.9)的受压单构件,对于层板胶合木或旋切板胶合木构件,支撑之间的平直度初始偏差宜在 $a/500$ 以内;对于其他构件,宜在 $a/300$ 以内。

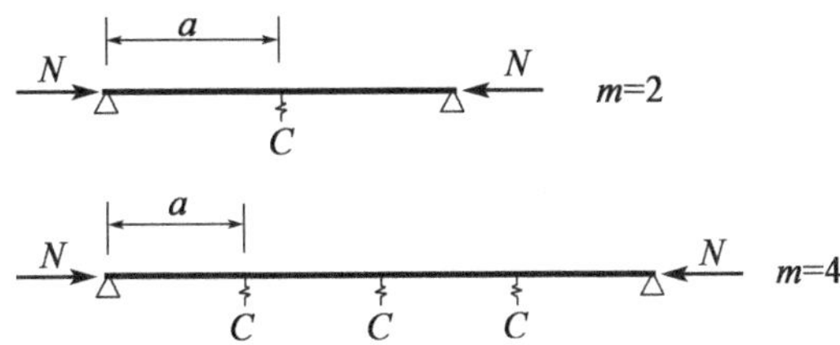

图 9.9　由侧向支座支撑的单受压构件示例

(2)每个中间支撑宜具有最小弹簧刚度 C:

$$C = k_s \frac{N_d}{a} \tag{9.34}$$

式中:k_s——修正系数;

N_d——构件中平均压力设计值;

a——跨度(见图 9.9)。

注:对于 k_s,见 9.2.5.3(1)的注。

(3)各支撑处的稳定力设计值 F_d 宜取:

$$F_d = \begin{cases} \dfrac{N_d}{k_{f,1}} & \text{对于实木} \\ \dfrac{N_d}{k_{f,2}} & \text{对于层板胶合木和旋切板胶合木} \end{cases} \tag{9.35}$$

式中,$k_{f,1}$ 和 $k_{f,2}$ 为修正系数。

注:对于 $k_{f,1}$ 和 $k_{f,2}$,见 9.2.5.3(1)的注。

(4)宜按 9.2.5.2(3)确定矩形梁受压边的稳定力设计值 F_d:

其中:

$$N_d = (1 - k_{crit}) \frac{M_d}{h} \tag{9.36}$$

对于无支撑梁，k_{crit}值宜按6.3.3(4)确定，M_d是作用于厚度为 h 的梁上的最大弯矩设计值。

9.2.5.3 梁或桁架系统的支撑

(1)对于在中间节点 A、B 等需要侧向支撑的一系列 n 个平行构件(见图9.10)，宜设置支撑系统，该系统除了能抵抗外部水平荷载(如风荷载)的效应，还能抵抗单位长度上的内部稳定荷载 q 的作用，q 值按下式计算：

$$q_d = k_l \frac{nN_d}{k_{f,3}l} \tag{9.37}$$

式中：

$$k_l = \min\begin{cases}1\\ \sqrt{\dfrac{15}{l}}\end{cases} \tag{9.38}$$

N_d——构件中平均压力设计值；

l——稳定系统的总跨度(m)；

$k_{f,3}$——修正系数。

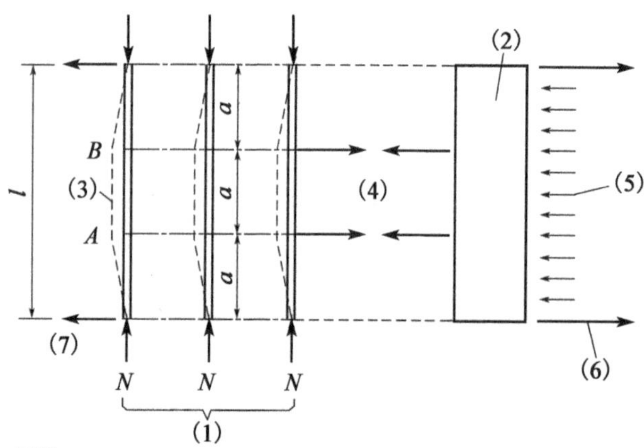

图注：
(1)桁架系统的n个构件
(2)支撑
(3)由缺陷和二阶效应引起的桁架系统的挠度
(4)稳定力
(5)支撑上的外部荷载
(6)外部荷载引起的支撑反力
(7)稳定力引起的桁架系统反力

图9.10 需要侧向支撑的梁或桁架系统

注：修正系数 k_s、$k_{f,1}$、$k_{f,2}$和 $k_{f,3}$的值取决于工艺和跨度等的影响。取值范围见表9.2，推荐值有下划线。各国的选择可参见其国家附件有关内容。

表 9.2 修正系数的推荐值

修正系数	范围
k_s	$\underline{4}$ ~ 1
$k_{f,1}$	$\underline{50}$ ~ 80
$k_{f,2}$	$\underline{80}$ ~ 100
$k_{f,3}$	$\underline{30}$ ~ 80

(2)由力 q_d 和任何其他外部荷载(如风荷载)引起的支撑系统的水平挠度不宜超过 $l/500$。

10 构造措施和管控

10.1 一般规定

(1)P 本章的规定是本标准设计规定适用的先决要求。

10.2 材料

(1)对于会发生侧向失稳的柱和梁,或框架中的构件,在支撑间跨中处所测的平直度偏差宜限制在层板胶合木或旋切板胶合木构件长度的 1/500 倍,实木长度的 1/300 倍。对于这些构件的材料选择,大多数强度分级规定对翘曲的限制是不够的,因此,对于这些构件材料的选择,宜特别注意其平直度。

(2)木材和木基构件以及结构构件不宜不必要地暴露于比已建成结构预期更为恶劣的气候条件下。

(3)在施工前,木材宜尽可能地干燥,使其含水率与已建成结构的气候条件相适应。如果认为所有收缩的影响都不重要,或如果更换严重损坏的部分结构,则在安装过程中可允许较高的含水率,前提是确保木材能干燥到所需的含水率。

10.3 胶连接

(1)当黏结强度是极限状态设计的要求时,宜对胶连接的制造进行质量控制,以保证连接的可靠度和质量符合技术规范。

(2)宜遵循胶黏剂制造商关于混合、使用和固化的环境条件、构件的含水率以及与胶黏剂的正确使用有关的所有因素的建议。

(3)对于初凝后需要一段养护时间的胶黏剂,在达到全部强度之前,宜在必要的时间内限制连接承受的荷载。

10.4 机械紧固件连接

10.4.1 一般规定

(1)P 在连接区域内,应限制缺边、开裂、木节或其他缺陷,以免降低连接的承载力。

10.4.2 钉

(1)除非另有说明,否则钉宜与木纹成直角钉入,钉入深度宜满足钉帽的表面与木材表面齐平。

(2)除非另有说明,否则宜按图 8.8(b)倾斜钉入。

(3)预钻孔直径不宜超过 0.8d,其中 d 为钉直径。

10.4.3 螺栓和垫圈

(1)木材中螺栓孔的直径不宜超过螺栓直径 1mm。钢板中螺栓孔的直径不宜超过螺栓直径(d)2mm 或 0.1d(取二者中的较大值)。

(2)宜在螺栓头和螺母下使用一侧边长或直径至少为 3d,厚度至少为 0.3d 的垫圈。垫圈宜有一个完整的承重区域。

(3)螺栓和拉力螺钉宜拧紧,以使构件紧密贴合;当木材达到平衡含水率时,如必要,宜重新拧紧,以确保结构的承载力和刚度得以保持。

(4)表 10.1 所列的最小直径要求适用于与木连接件一起使用的螺栓,其中,d_c 是连接件的直径(mm),d 是螺栓的直径(mm),d_1 是连接件中心孔直径。

表 10.1 与木连接件一起使用的螺栓的直径要求

连接件类型 EN 912	d_c	d 最小	d 最大
	mm	mm	mm
A1 ~ A6	≤130	12	24
A1, A4, A6	>130	0.1d_c	24
B	—	d_1-1	d_1

10.4.4 销钉

(1)最小销钉直径宜为 6mm。销钉直径公差宜为 -0/+0.1mm。木构件上预钻孔的直径不宜大于销钉直径。

A1 10.4.5 螺钉

(1)对于在软木中预钻孔的螺钉,当光滑杆的直径 $d \leq 6$mm 时,不需要预钻孔。当光滑杆的直径 $d > 6$mm 时,对于硬木中的螺钉和在软木中预钻孔的螺钉,需要预钻孔,并满足以下要求:

—光滑杆的导孔直径宜与光滑杆的直径相同,深度也宜与光滑杆的长度相同;

—螺纹部分的导孔直径宜为光滑杆直径的 70% 左右。

(2)当木材密度大于 500kg/m^3 时,宜通过试验确定预钻孔的直径。

(3)P 自攻螺钉预钻孔时,导孔直径不应大于内螺纹直径 d_1。A1

10.5 组件

(1)结构的装配方式宜避免使构件或连接应力过大。宜更换连接处翘曲、开裂或不匹配的构件。

10.6 运输与安装

(1)宜避免构件在储存、运输或安装过程中应力过大。如果结构在施工过程中以与已完工建筑不同的方式加载或支撑,则宜将临时条件视为相关的荷载工况,包括任何可能的动力作用。对于结构框架,如框架拱、门式框架,宜特别注意避免从水平位置起吊至竖直位置时产生的扭曲。

10.7 管控

(1)假定管控计划包括:

—生产和工艺的场外和场内管控;

—结构完成后的管控。

注 1:假定工程的管控包括:

—预试验,如材料和生产方法的适用性试验;

—材料及其证明文件的检查,例如:

—对于木材和木基材料:树种、等级、标记、处理和含水率;

—对于胶合结构:胶黏剂类型、生产过程、胶线质量;

—对于紧固件:类型、防腐蚀保护;

—材料的运输、现场储存及装卸;

—正确的尺寸和几何外形的检查;

—装配和安装的检查。

—构造措施的检查,如:

—钉、螺栓等的数量;

—孔的尺寸,正确的预钻孔;

—构件的间距、端距和边距;

—劈裂。

—生产过程结果的最终检查,例如通过目测检查或负荷检验。

注2:在长期未能充分保证项目基本假定的情况下,假定管控方案规定了在服役期内拟采用的管控措施(监控维护)。

注3:假定负责已完成结构的人或管理机构可获得结构在服役期内使用和维修过程中所需的所有资料。

10.8 横隔结构的特殊规定

10.8.1 楼盖和屋盖横隔

(1)9.2.3.2 给出的简化分析方法假定没有搁栅或椽条支撑的覆面板是(如通过板条)彼此相连的,如图10.1所示。宜使用按照EN 14592定义的除光滑钉以外的钉以及螺钉,钉沿覆面板边缘的最大间距为150mm。其他地方的最大间距宜为300mm。

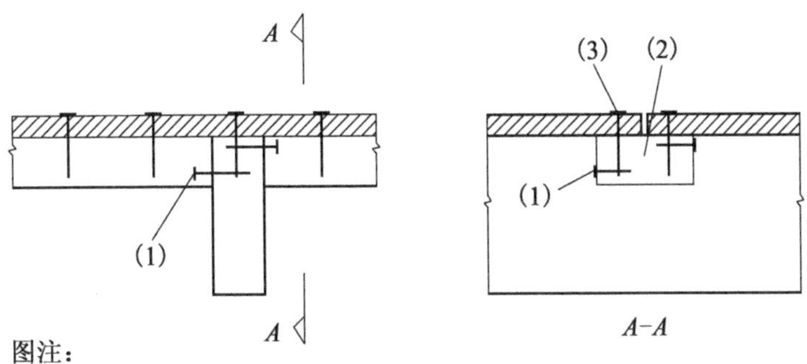

图注:
(1)通过倾斜钉入的方式连接板条和搁栅或椽条
(2)板条
(3)钉在板条上的覆面板

图10.1 没有搁栅或椽条支撑的面板的连接示例

10.8.2 墙体横隔

(1)在9.2.4.2和9.2.4.3中给出的简化分析方法假定固定面板的紧固件沿

边缘的最大间距,对于钉子为 150mm,对于螺钉为 200mm。在内墙骨柱上,最大间距不宜超过沿边缘间距的两倍或 300mm,取二者中的较小值。见图 10.2。

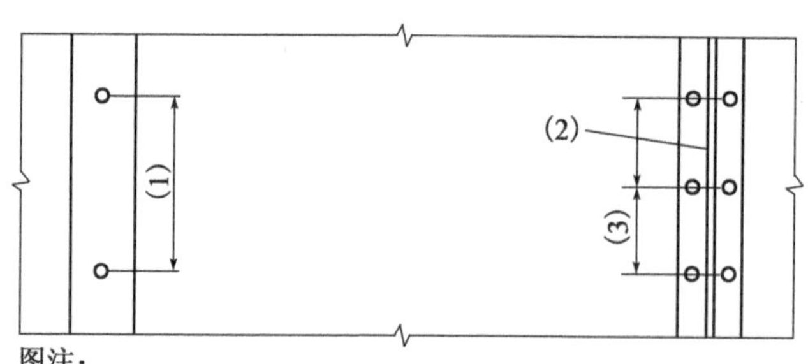

图注:
(1)对于中间墙骨柱,钉最大间距300mm
(2)面板边缘
(3)钉最大间距为150mm

图 10.2　面板固定

10.9　齿板紧固件连接桁架的特殊规定

10.9.1　制造

注:桁架的制造要求见 EN 14250。

10.9.2　安装

(1)在固定永久支撑前,宜检查桁架的平直度和竖向对齐。

(2)制造桁架时,构件宜在 EN 14250 规定的范围内不发生扭曲。然而,如果构件在制造和安装期间发生了扭曲,在不损坏木材或连接的前提下能矫直,并保持平直,则仍可视桁架满足使用要求。

(3)宜限制所有桁架构件在安装后的最大翘曲 a_{bow}。前提是已完工的屋盖有充分的保护措施能避免翘曲的增加,则最大翘曲的允许值宜取 $a_{bow,perm}$。

注:$a_{bow,perm}$的推荐范围为 10 ~ 50mm。各国的选择可参见其国家附件有关内容。

(4)宜限制桁架安装后实际竖向对齐的最大偏差 a_{dev}。实际竖向对齐最大偏差的允许值宜取 $a_{dev,perm}$。

注:$a_{dev,perm}$的推荐范围为 10 ~ 50mm。各国的选择可参见国家附件有关内容。

附录 A

(资料性)

群销钢-木连接的块状剪切和塞状剪切破坏

(1)对于由多销钉型紧固件组成的钢-木连接,在靠近木构件末端的顺纹分力作用下,沿紧固件周边区域的断裂如图 A.1(块状剪切破坏)和图 A.2(塞状剪切破坏)所示,断裂承载力标准值宜按下式计算:

$$F_{bs,Rk} = \max\begin{cases} 1.5A_{net,t}f_{t,0,k} \\ 0.7A_{net,v}f_{v,k} \end{cases} \tag{A.1}$$

$$A_{net,t} = L_{net,t}t_1 \tag{A.2}$$

[A2]

$$A_{net,v} = \begin{cases} L_{net,v}t_1 & \text{破坏模式}(c,f,j/l,k,m) \\ \dfrac{L_{net,v}}{2}(L_{net,t} + 2t_{ef}) & \text{对于所有其他破坏模式} \end{cases} \tag{A.3}$$

[A2]

和

$$L_{net,v} = \sum_i l_{v,i} \tag{A.4}$$

$$L_{net,t} = \sum_i l_{t,i} \tag{A.5}$$

—对于薄钢板(见括号内破坏模式)

$$t_{ef} = \begin{cases} 0.4t_1 & (a) \\ 1.4\sqrt{\dfrac{M_{y,Rk}}{f_{h,k}d}} & (b) \end{cases} \tag{A.6}$$

—对于厚钢板(见括号内破坏模式)

[A2]

$$t_{ef} = \begin{cases} \sqrt[2]{\dfrac{M_{y,Rk}}{f_{h,k}d}} & (e)(h) \\ t_1\left(\sqrt{2 + \dfrac{4M_{y,Rk}}{f_{h,k}dt_1^2}} - 1\right) & (d)(g) \end{cases} \tag{A.7}$$

[A2]

式中:$F_{bs,Rk}$——块状剪切或塞状剪切承载力标准值:

$A_{net,t}$——横纹净截面面积;

$A_{net,v}$——顺纹净剪切面积;

$L_{net,t}$——横纹截面净宽度;

$L_{net,v}$——受剪断裂面总净长度;

$l_{v,i}$、$l_{t,i}$——定义见图 A.1;

t_{ef}——有效深度,取决于紧固件的破坏模式,见图 8.3;

t_1——木构件的厚度或紧固件的贯入深度;

$M_{y,Rk}$——紧固件屈服弯矩标准值;

d——紧固件的直径;

$f_{t,0,k}$——木构件的抗拉强度标准值;

$f_{v,k}$——木构件的抗剪强度标准值;

$f_{h,k}$——木构件的销槽承压强度标准值。

注:与公式(A.3)、公式(A.6)和公式(A.7)相关的破坏模式如图 8.3 所示。

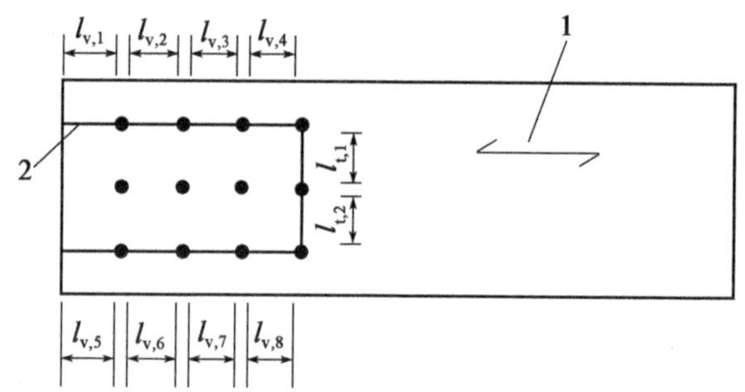

图注:
1-木纹方向
2-断裂线

图 A.1 块状剪切破坏示例

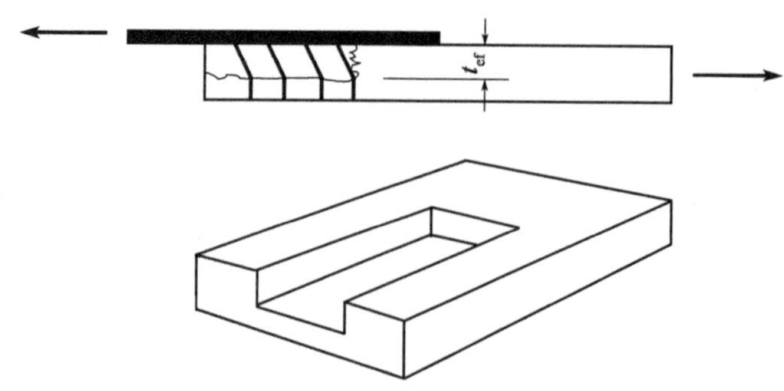

图 A.2 塞状剪切破坏示例

附录 B
(资料性)
机械连接梁

B.1 简化分析

B.1.1 截面

(1)本附录考虑如图 B.1 所示的截面。

B.1.2 假定

(1)设计方法基于线弹性理论和以下假定:

—跨度为 l 的简支梁。公式中连续梁的跨度 l 可为相应跨度的 0.8 倍,悬臂梁的跨度 l 为悬臂长度的 2 倍;

—各部分(木材、木基板材制成)要么通长,要么端部胶接;

—各部分通过具有滑移模量 K 的机械紧固件相互连接;

—紧固件的间距 s 恒定或根据 s_{min} 和 s_{max}($s_{max} \leq 4s_{min}$) 间的剪力均匀变化;

—载荷作用于 z 方向,产生呈正弦或抛物线变化的弯矩 $M = M(x)$ 和剪力 $V = V(x)$。

B.1.3 间距

(1)如果翼缘由与腹板相连的两部分组成或腹板由两部分组成(如箱形梁),间距 s_i 由两个连接平面内紧固件每单位长度之和确定。

B.1.4 由弯矩引起的挠度

(1)使用根据 B.2 确定的有效抗弯刚度$(EI)_{ef}$计算挠度。

B.2 有效抗弯刚度

(1)有效抗弯刚度宜按下式计算:

$$(EI)_{ef} = \sum_{i=1}^{3}(E_i I_i + \gamma_i E_i A_i a_i^2) \tag{B.1}$$

使用 E 的平均值,式中:

$$A_i = b_i h_i \tag{B.2}$$

$$I_i = \frac{b_i h_i^3}{12} \tag{B.3}$$

$$\gamma_2 = 1 \tag{B.4}$$

$$\gamma_i = [1 + \pi^2 E_i A_i s_i / (K_i l^2)]^{-1} \quad 对于 i = 1 和 i = 3 \tag{B.5}$$

$$a_2 = \frac{\gamma_1 E_1 A_1 (h_1 + h_2) - \gamma_3 E_3 A_3 (h_2 + h_3)}{2\sum_{i=1}^{3}\gamma_i E_i A_i} \tag{B.6}$$

其中符号定义如图 B.1 所示:

$K_i = K_{ser,i}$ 对于正常使用极限状态的计算

$K_i = K_{u,i}$ 对于承载能力极限状态的计算

对于 T 形截面 $h_3 = 0$

B.3 正应力

(1)正应力宜按下式计算:

$$\sigma_i = \frac{\gamma_i E_i a_i M}{(EI)_{ef}} \tag{B.7}$$

$$\sigma_{m,i} = \frac{0.5 E_i h_i M}{(EI)_{ef}} \tag{B.8}$$

B.4 最大剪应力

(1)最大剪应力出现在正应力为零处。腹板构件的最大剪应力(图 B.1 第 2 部分)宜按下式计算:

$$\text{A}_2\rangle\ \tau_{2,max} = \frac{\gamma_3 E_3 A_3 a_3 + 0.5 E_2 b_2 h^2}{b_2 (EI)_{ef}} V\ \langle\text{A}_2 \tag{B.9}$$

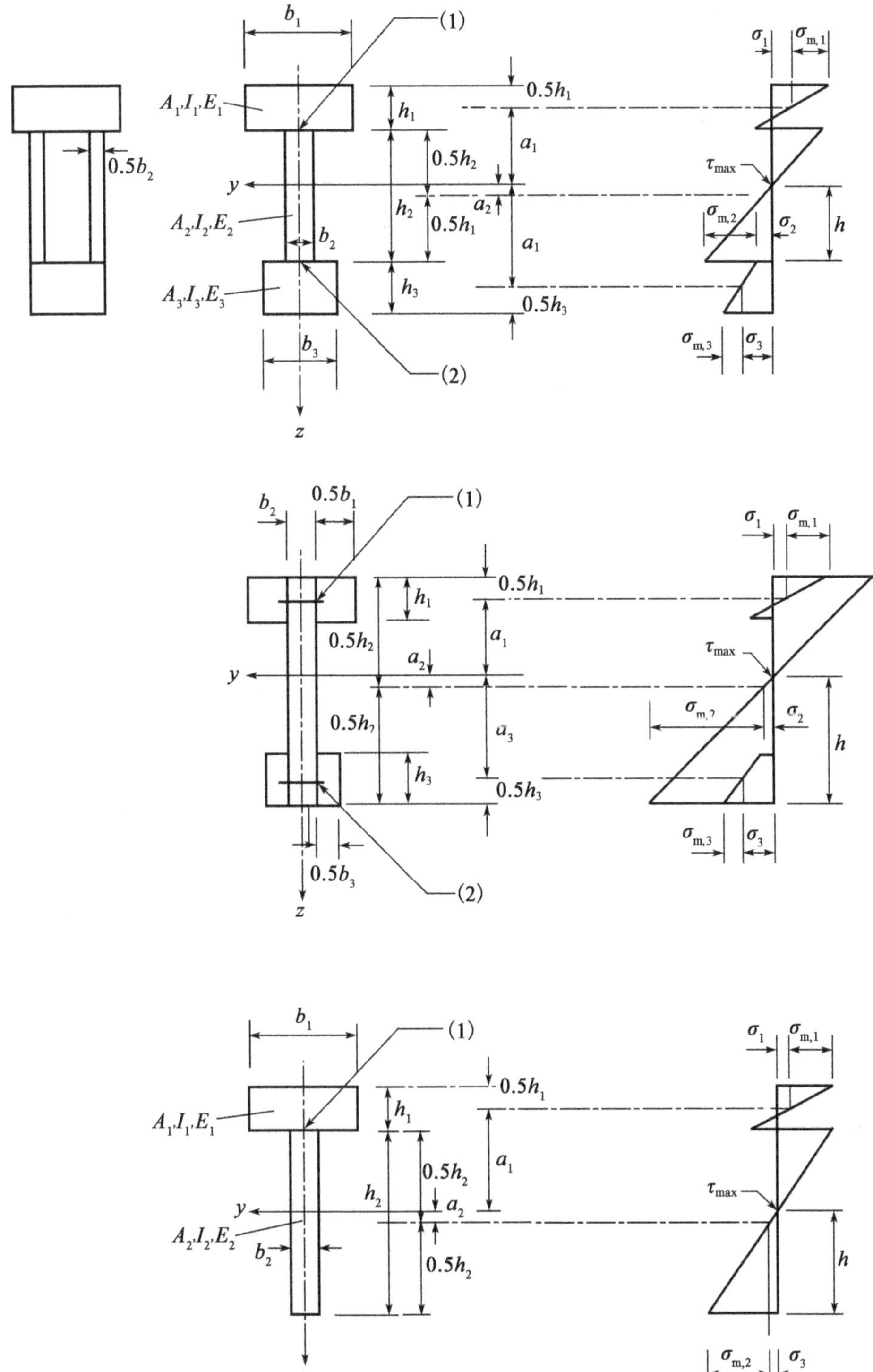

图注：

(1)间距：s_1　滑移模量：K_1　荷载：F_1

(2)间距：s_3　滑移模量：K_3　荷载：F_3

图 B.1　截面(左)和弯曲应力分布(右)。除了 a_2 如图所示取为正值外，其他所有测量值均为正值。

B.5 紧固件上的荷载

(1)紧固件上的荷载宜按下式计算：

$$F_i = \frac{\gamma_i E_i A_i a_i s_i}{(EI)_{ef}} V \tag{B.10}$$

式中，$i = 1$ 和 3；$s_i = s_i(x)$ 是 B.1.3(1) 中定义的紧固件间距。

附录 C
(资料性)
组合柱

C.1 一般规定

C.1.1 假定

(1)以下假定适用:

—长度为 l 的柱简支;

—各部分通长;

—荷载是作用在几何重心上的轴力 F_c(见 C.2.3)。

C.1.2 承载力

(1)对于柱在 y 方向上的挠度(见图 C.1 和图 C.3),承载力宜取各构件承载力之和。

(2)对于柱在 z 方向上的挠度(见图 C.1 和图 C.3),宜验算:

$$\sigma_{c,0,d} \leqslant k_c f_{c,0,d} \tag{C.1}$$

其中:

$$\sigma_{c,0,d} = \frac{F_{c,d}}{A_{tot}} \tag{C.2}$$

式中:A_{tot}——总截面面积;

k_c——按 6.3.2 确定,其中有效长细比 λ_{ef} 按截面 C.2~C.4 确定。

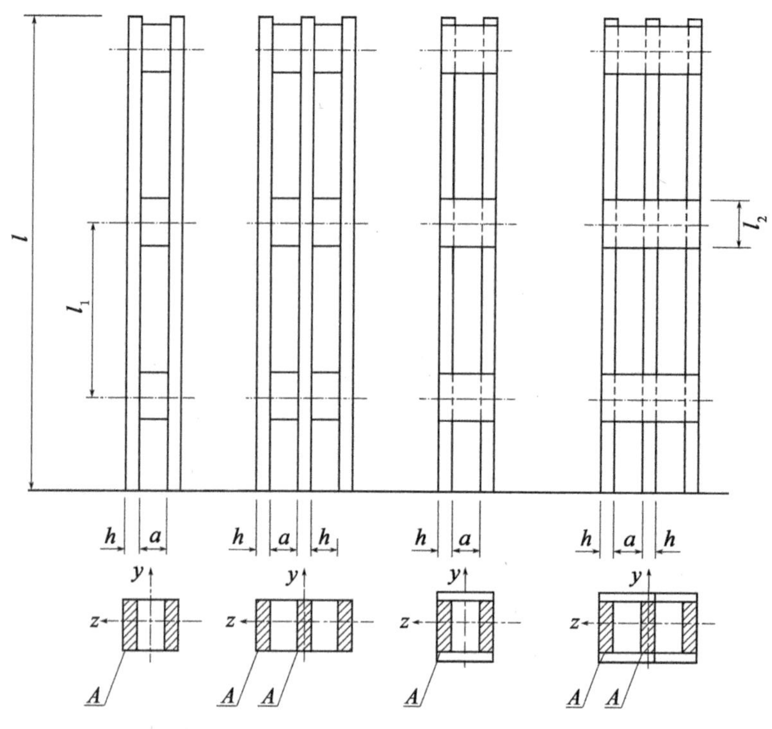

图 C.1　分肢柱

C.2　机械连接柱

C.2.1　有效长细比

(1)有效长细比宜按下式计算：

$$\lambda_{ef} = l\sqrt{\frac{A_{tot}}{I_{ef}}} \tag{C.3}$$

$$I_{ef} = \frac{(EI)_{ef}}{E_{mean}} \tag{C.4}$$

式中，$(EI)_{ef}$按附录 B(资料性)确定。

C.2.2　紧固件上的荷载

(1)紧固件上的荷载宜按附录 B(资料性)确定，其中：

$$V_d = \begin{cases} \dfrac{F_{c,d}}{120k_c} & 对于\ \lambda_{ef} < 30 \\ \dfrac{F_{c,d}\lambda_{ef}}{3600k_c} & 对于\ 30 \leqslant \lambda_{ef} < 60 \\ \dfrac{F_{c,d}}{60k_c} & 对于\ 60 \leqslant \lambda_{ef} \end{cases} \tag{C.5}$$

C.2.3 组合荷载

(1)在小弯距(如由自重引起的)作用于轴向荷载的情况下,6.3.2(3)适用。

C.3 带填块或缀板的分肢柱

C.3.1 假定

(1)考虑如图 C.1 所示的柱,即柱由填块或缀板每隔一定距离连接的柱肢组成。可以使用带有合适连接件的钉连接、胶接或螺栓连接。

(2)以下假定适用:

—截面由两根、三根或四根相同的柱肢组成;

—截面针对两个轴对称;

—无约束的跨至少有三个,即柱肢至少在端部和三分点处连接;

—对于带填块的柱,柱肢间自由距离 a 不大于柱肢厚 h 的 3 倍;对于带缀板的柱,柱肢间自出距离 a 不大于柱肢厚 h 的 6 倍;

A1—按 C.3.3 设计连接、填块和缀板;A1

—填块长度 l_2 满足条件:$l_2/a \geq 1.5$;

—每个剪面上至少有四根钉,或两个带连接件的螺栓。对于钉连接,在柱的纵向方向上的每一端,一行至少有 4 根钉;

—缀板满足条件:$l_2/a \geq 2$;

—柱受轴向集中荷载。

(3)对于有两个柱肢的柱,A_{tot} 和 I_{tot} 宜按下式计算:

$$A_{tot} = 2A \tag{C.6}$$

$$I_{tot} = \frac{b[(2h+a)^3 - a^3]}{12} \tag{C.7}$$

(4)对于有三个柱肢的柱,A_{tot} 和 I_{tot} 宜按下式计算:

$$A_{tot} = 3A \tag{C.8}$$

$$I_{tot} = \frac{b[(3h+2a)^3 - (h+2a)^3 + h^3]}{12} \tag{C.9}$$

C.3.2 轴向承载力

A1(1)对柱在 y 方向上的挠度(见图 C.1),承载力宜取各构件承载力之和。A1

(2)对于柱在 z 方向上的挠度,C.1.2 适用且:

$$\lambda_{ef} = \sqrt{\lambda^2 + \eta \frac{n}{2}\lambda_1^2} \tag{C.10}$$

式中:λ——有相同长度、面积 (A_{tot}) 和截面惯性矩(I_{tot})的实心柱的长细比,即:

$$\lambda = l\sqrt{A_{tot}/I_{tot}} \tag{C.11}$$

λ_1——小柱的长细比,代入到公式(C.10)中时最小值至少为 30,即:

$$\lambda_1 = \sqrt{12}\frac{l_1}{h} \tag{C.12}$$

n——柱肢的数量;

η——系数,按表 C.1 取值。

表 C.1 系 数 η

	填块			缀板	
	胶连接	钉连接	螺栓连接[a]	胶连接	钉连接
永久/长期荷载	1	4	3.5	3	6
中/短期荷载	1	3	2.5	2	4.5

[a] 带有连接件

C.3.3 紧固件、填块或缀板上的荷载

(1)紧固件和缀板或填块上的荷载如图 C.2 所示,其中 V_d 按 C.2.2 计算。

(2)缀板或填块上的剪力(见图 C.2)宜按下式计算:

$$T_d = \frac{V_d l_1}{a_1} \tag{C.13}$$

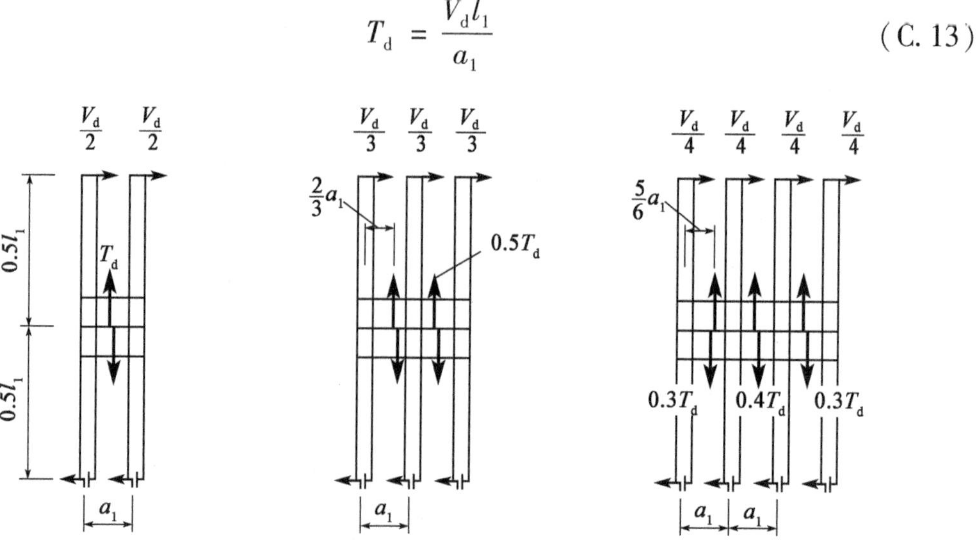

图 C.2 剪力分布和缀板或填块上的荷载

C.4　胶接或钉接的格构柱

C.4.1　假定

(1)本部分考虑胶接或钉接和 N 形格构或 V 形格构的格构柱,如图 C.3 所示。

(2)以下假定适用:

—针对截面的 y 轴和 z 轴对称的结构。两侧的格构可按 $l_1/2$ 的长度交错排列,l_1是节点之间的距离;

—至少有三跨;

—在钉接结构中,在单个节点的单个斜缀条上每个剪面上至少有四根钉;

—两端有支撑;

—对应节点长度为 l_1的各翼缘的长细比不超过 60;

—对应柱长为 l_1的翼缘不发生局部屈曲;

—在竖向(N 形桁架),钉的数量大于 $n\sin\theta$,其中 n 是斜缀条中钉的数量,θ 是斜缀条的倾角。

C.4.2　承载力

(1)对于柱在 y 方向上的挠度(见图 C.2),承载力宜取各翼缘承载力之和。

(2)对于柱在 z 方向上的挠度,C.1.2 适用且:

$$\lambda_{\mathrm{ef}} = \max\begin{cases}\lambda_{\mathrm{tot}}\sqrt{1+\mu} \\ 1.05\lambda_{\mathrm{tot}}\end{cases} \tag{C.14}$$

式中:λ_{tot}——有相同长度、面积和截面惯性矩的实心柱的长细比,即:

$$\lambda_{\mathrm{tot}} \approx \frac{2l}{h} \tag{C.15}$$

μ——取以下(3)~(6)所给的值。

(3)对于胶接的 V 形桁架:

$$\mu = 4\frac{e^2 A_{\mathrm{f}}}{I_{\mathrm{f}}}\left(\frac{h}{l}\right)^2 \tag{C.16}$$

式中(见图 C.3):e——连接的偏心距;

A_{f}——翼缘截面面积;

I_{f}——翼缘的截面惯性矩;

l——跨度;

h——翼缘之间的距离。

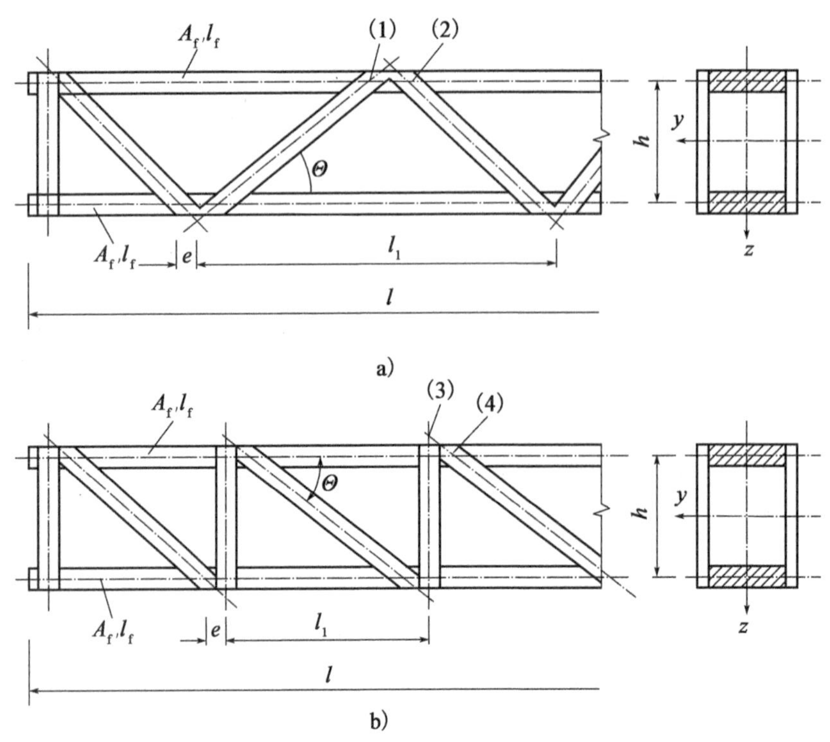

图注：
(1)钉的数量：n
(2)钉的数量：n
(3)钉的数量：$\geqslant n\sin\theta$
(4)钉的数量：n

图 C.3　格构柱：a)V 形桁架；b)N 形桁架

(4)对于胶接的 N 形桁架：

$$\mu = \frac{e^2 A_f}{I_f}\left(\frac{h}{l}\right)^2 \tag{C.17}$$

(5)对于钉接的 V 形桁架：

$$\mu = 25\frac{hE_{meam}A_f}{l^2 nK_u \sin 2\theta} \tag{C.18}$$

式中：n——在斜缀条中钉的数量。如果一个斜缀条由两个或更多的板组成，则 n 是钉数量的总和(不是每个剪面钉的数量)；

E_{mean}——弹性模量的平均值；

K_u——一根钉在承载能力极限状态下的滑移模量。

(6)对于钉接的 N 形桁架：

$$\mu = 50\frac{hE_{meam}A_f}{l^2 nK_u \sin 2\theta} \tag{C.19}$$

式中:n——在斜缀条中钉的数量。如果一个斜缀条由两个或更多的板组成,则 n 是钉数量的总和(不是每个剪面钉的数量);

K_u——一根钉在承载能力极限状态下的滑移模量。

C.4.3 剪力

(1)C.2.2 适用。

附录 D

(资料性)

参考文献

EN 338 Structural timber-Strength classes

EN 1194 Glued laminated timber-Strength classes and determination of characteristic